人生三修：
修心·修性·修行

思履　编著

吉林文史出版社
JILIN WENSHI CHUBANSHE

图书在版编目（CIP）数据

人生三修：修心・修性・修行 / 思履编著. -- 长春：吉林文史出版社，2017.10（2018.1重印）

ISBN 978-7-5472-4544-6

Ⅰ.①人… Ⅱ.①思… Ⅲ.①个人—修养—通俗读物 Ⅳ.①B825-49

中国版本图书馆CIP数据核字(2017)第225148号

人生三修：修心・修性・修行

RENSHEN GSANXIU:XIUXIN・XIUXING・XIUXING

出 版 人　孙建军
编　　著　思　履
责任编辑　于　涉　董　芳
责任校对　薛　雨
封面设计　韩立强
出版发行　吉林文史出版社有限责任公司（长春市人民大街4646号）
　　　　　www.jlws.com.cn
印　　刷　天津海德伟业印务有限公司
版　　次　2017年10月第1版　2018年1月第2次印刷
开　　本　640mm×920mm　16开
字　　数　201千
印　　张　16
书　　号　ISBN 978-7-5472-4544-6
定　　价　45.00元

前言

生活中，我们常常为境遇所苦，为得失所累，为名利所惑，为喧嚣所扰；在顺境中迷失，在困境里彷徨；失去了就抱怨，得到了却不知足；穷困时不知如何自处，富有时被烦恼缠身，总是不得解脱。要解决这些问题，我们需要学会修心、修性、修行。

房间需要经常打扫，不然就会很快落满灰尘，人的心灵也是如此。唯有靠自我修炼才能拂那些看不见、摸不着、感觉不到的心尘，才能使心灵时时保持洁净、澄澈。修心就是净化内心的过程：消除烦恼，留下欢乐；赶走悲伤，留下坚强。脱离金钱、名利、权位的束缚，让自己的心灵更有力量去承受和面对这世间种种的坎坷和磨难。静下心来，时时自省，让从容和淡然在体内散开，让我们的心灵永远向善、向美、澄澈安宁。如此，人生的幸福也将依次在我们眼前展现。修心，让每个人都能执一盏灯，驱散心内的黑暗与迷茫，在疲惫中找到安心之所，在忙碌中找到定心之处，在喧嚣里找到静心之地。

修性，不是让你不屑一切，只是使你少了份热烈，多了份稳重；不是无所求，庸碌一生，而是放下妄想与执着；不是看破红尘、不思进取，而是经过岁月磨砺后看淡世俗名利。学会修性的人，拥有超人的自信和勇于担当的奋斗豪情，拥有不怕寂寞、脚踏实地、百折不回的执着，常怀宽容之心，豁达而坚强，凡事不妄求于前，不追念于后，从容平淡，自然达观，随心、随情、随性。保持坦然愉快的心情，强大自己的内心，在每天结束的时候看到一个新我，拥有一个超然的人生。

人生就是一次修行，在经历了挫折和磨难的考验之后，总能在逆境中，找寻到前行的方向，不断地提升修为，增强自控能力，拥有智慧的头脑、积极的心态、准确的眼光、强有力的行动和钢铁般坚强的意志，做到从容应对。在各种诱惑面前耐得住性子，不为之所动；保持清醒的头脑，“不戚戚于贫贱，不汲汲于富贵”;远离虚伪和诱惑，明白什么是爱、什么不是爱，什么属于自己、什么不属于自己；不以物喜，不以己悲；有足够的时间和心情去品评人生的况味，享受人生的乐趣；在世事的牵累、终日的忙碌中偷出空闲，滋养自己，表现出端庄的气度、深厚的内涵；知道爱恨情仇、恩怨得失虽无法忘记，但可以宽宥，从而让一切慢慢沉淀在记忆里。于简单中活出丰富，于苍白处增添斑斓的色彩。

《人生三修：修心 修性 修行》从现实生活的实际出发，以睿智的富有哲理的观点和看法，教人看透人生真谛，教你正确面对生活中的种种不如意，能选择，懂放弃。教你懂得尽人事，听天命，不贪婪，不妄求，懂宽容，知进退，宠辱不惊，成功了不扬扬自得，失败了不悲观失意，在忙碌之中体会内心的宁静和生活的乐趣。本书逻辑缜密、符合实际，富有现实的指导意义，将道理与故事相结合，文字灵动而深刻，句句触动人心，帮助读者找到自身问题的所在，调整心态，调整看问题的角度，最终摆脱烦恼和痛苦的困惑，活出属于自己的幸福和快乐。

行走在喧嚣人世，修心、修性、修性，给自己修一条宽广的人生大道，在风雨得失中昂起头颅，在悲喜的大潮中挺直脊背，接受人生的各种挑战，忍受住各种突如其来的磨难和苦厄，在一点一滴的积累中逐渐让自己强大起来，在人生的赛场上成为笑到最后的人。

目录

修心

第一章　观心：修好心才能转好运

先学做人，再学做佛…… 3
踏踏实实，保持真实的自己…… 5
主动孤独，沉淀一切烦恼…… 7
自省的力量…… 9
有约束，才不会走错路…… 11
以勇气忏悔，用真诚改过…… 13
心不动，荣辱皆安定…… 15
每个人都有无可取代的优点…… 17

第二章　安心：真正的贫穷是心无安处

明浮躁源，戒浮躁心…… 19
心常在静处…… 21
细沙含一方世界，野花藏一座天堂…… 23
越亲近自然，焦虑越易消失…… 25
修一颗不为身体境遇所动的心…… 27
做第三类人：提起，放下…… 29
在喧嚣处，修得暇满身…… 32

第三章　静心：在喧嚣中安顿身心

世事无常，不必挂怀…………………………………… 35
不自扰，烦恼都在身外………………………………… 37
当提起时提起，当放下时放下………………………… 39
不拘于外物，便是轻松………………………………… 42
释怀是看不见的幸福…………………………………… 43
执着是茧，缚住自己也隔绝幸福……………………… 45
破除“我执”，生活楚楚动人 ………………………… 47

第四章　净心：越是简单，越是真正的富足

真正值得追求的是内在的充实………………………… 49
简单的真谛：驱除多余的执念与欲望………………… 51
退回拥有之前的心态…………………………………… 53
熄灭欲望之火…………………………………………… 55
富足的境界……………………………………………… 57
心不为外物所拘………………………………………… 58
初心何在：没有主观，没有成见……………………… 61
情、财、名，没什么不能放…………………………… 64

修　性

第一章　随性：回归本性，做真正的自己

人生随时要保持单纯的本性…………………………… 69
想得少点儿，活得简单………………………………… 71
做人不掺杂念…………………………………………… 73
除去心中累赘，回归自然天性………………………… 74
聪明累，过无机心的人生……………………………… 77

做人要有一颗直心……………………………………………… 79

第二章 积极：转换情绪，拓展生命的张力

生命的张力首先在于正视脆弱…………………………………… 82
接受不幸，把挫折当作成长的营养……………………………… 83
用行动为抱怨画上休止符……………………………………… 86
应对生活，用微笑驱散阴霾…………………………………… 87
将不幸变为机遇……………………………………………… 88
别让悲观挡住了生命的阳光…………………………………… 90
被需要也是一种幸福………………………………………… 91

第三章 淡泊：放下负累，别把贪、嗔、痴装进行囊

欲望的海水越喝越渴………………………………………… 94
想抓住的太多，能抓住的太少………………………………… 96
除去闲名，禅师本是和尚……………………………………… 97
幸福的本质是实现，而不是占有……………………………… 99
取舍都是为了心的快乐……………………………………… 101
轻囊致远，静心久行………………………………………… 104
别为了流泪，而错过满天繁星………………………………… 105

第四章 珍惜：低下头来，就能看到满地阳光

放下过去未来，领悟此刻的珍贵……………………………… 108
别让自己沉迷于过去………………………………………… 109
积极的后悔………………………………………………… 110
将全部的能量集中于当下…………………………………… 111
观照时间的本质：时间即财富………………………………… 113
每一个现在都会引导未来…………………………………… 115

日日是好日，每一天都过得富足…………………………… 117
爱就在眼前，不错过一次擦肩………………………………… 119

第五章　宽忍：能让能忍，把倾斜的世界在心头放平

忍是心的雕刻刀……………………………………………… 122
心不嫉，身无疾……………………………………………… 123
和你的愤怒缔一个约………………………………………… 126
先做牛马，再做龙象………………………………………… 127
有辱能忍，才能随意屈伸…………………………………… 128
弯腰不是卑微，而是成熟…………………………………… 130

第六章　慈悲：心种菩提，学会疼惜大地

留几分菩萨心肠，滴水成海………………………………… 132
每一种选择，都会有回声…………………………………… 134
与人为善，就是予己立足…………………………………… 136
人暖被子，还是被子暖人…………………………………… 139
善到极处，嗔痴也是慈悲…………………………………… 141
因理解而宽容，因懂得而慈悲……………………………… 143
真心的慈悲，是一种清澈的美丽…………………………… 146

修行

第一章　一撇一捺，一个“人”字能写多大

人生有所“止”………………………………………………… 151
人生的重与远………………………………………………… 154
夫子有病不得医……………………………………………… 157
一颗小小的螺钉……………………………………………… 159

清高的人是可耻的…………………………………… 161
有才无德不足观…………………………………… 163
要鱼还是要熊掌…………………………………… 165
那“仁”却在灯火阑珊处………………………… 167
千古一辩义与利…………………………………… 169
今天你诚信了吗…………………………………… 172
挺直脊梁骨………………………………………… 174

第二章 一个人应该怎样活，一生应当怎样过

生命需要自己把握………………………………… 177
心不动，方识自身………………………………… 178
有自我评判标准…………………………………… 179
坚持自己的主张…………………………………… 180
凡事不可先入为主………………………………… 181
让自己成为珍珠…………………………………… 183
富贵不在天………………………………………… 184
问自己竭尽全力了吗……………………………… 186
每个生命都有自己的光彩………………………… 187
选准适合自己的角色……………………………… 188
永远不要贬低自己………………………………… 189
天生我材必有用…………………………………… 190
做真实的自己……………………………………… 191
虚荣吞噬一切……………………………………… 193
活着只为充实自己………………………………… 195

第三章 以礼立身，雕琢人性的美玉

不学礼，无以立…………………………………… 197
摆正自己的位置…………………………………… 200

不敬，如礼何…… 202
厚礼非礼…… 204
来而不往非礼也…… 206
唤醒心中的“圣人”…… 208
每天进步一点点…… 210
修身，先把心放正…… 211
举头三尺有神明…… 213
人啊，认识你自己…… 215
克己为仁…… 217

第四章 知人者智，自知者明

唯有自知，方能不失…… 220
认识诸世间，更要认识自己…… 222
由识心而找心，由找心而明心，由明心而安心…… 225
向内观照自己，自省洞明人生…… 226
好说己长便是短，自知己短便是长…… 228
见贤思齐，见不贤而内自省…… 231
认识自己，才有圆满人生…… 232
认识自己，接受自己…… 234
自傲是顾影自喜，自卑是顾影自惭…… 237
观人重在言与行，识人重在德与能…… 239
识人观其友，亦可观其敌…… 242

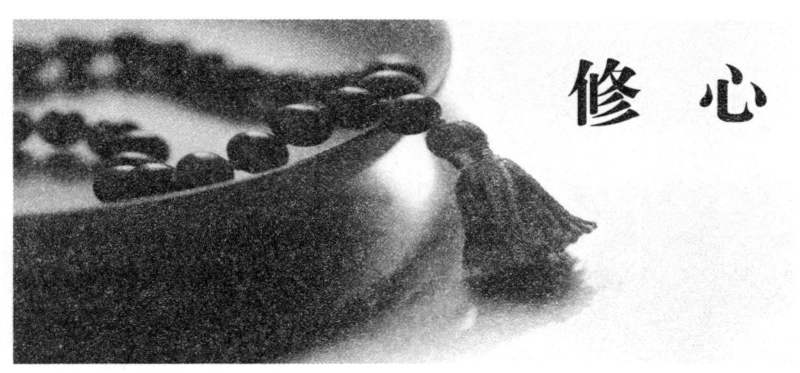

修心

第一章
观心：修好心才能转好运

先学做人，再学做佛

佛学思想中有这样一个观念：人来到这个世界，是为偿还欠债，报答所有恩缘。因为我们赤条条地来到这个世界上，本来一无所有。长大成人，吃的、穿的、所有的一切，都是众生、国家、父母、师友们给予我们的恩惠。只有我负别人，别人并无负我之处，因此，要尽我所有，尽我所能，贡献给世人，以报答其恩惠，还清我生生世世累积起来的旧债，甚至不惜牺牲自己而为人、济世、利物。

国学大师南怀瑾在讲解《金刚经》时说："先学做人，能把儒家四书·五经等做人之理通达了、成功了，学佛一定成功。像盖房子一样，先把基础打好。人都没有做好，就要学佛，你成了佛，我成什么？要注意啊！要先学做人，人成了，就是成佛，佛法告诉你的就是这个道理。"

很多人苦苦寻觅幸福，但佛陀告诉世人，做好自己，做好眼前的事，即得幸福，得道。其实，学佛也好，找到幸福也好，首先最应该做的不是念"阿弥陀佛"或空想，而是做好当下的事情，完成一个人在这世上应该做的事。只有把该做的事情做圆满了，才能体悟生活的道理，领悟人生的真谛，获得对尘世的正确见解。老老实实做人，踏踏实实做事，那么，人人都可成佛。

有一位年轻和尚，一心求道，多年苦修参禅，但一直没有开悟。

有一天，他打听到深山中有一古寺，住持和尚修炼圆通，是得道高僧。于是，年轻和尚打点行装，跋山涉水，千辛万苦来到住持和尚面前，两人打起了机锋。

年轻和尚："请问高僧，您得道之前，做什么？"

住持和尚："砍柴担水做饭。"

年轻和尚："得道之后又做什么？"

住持和尚："砍柴担水做饭。"

年轻和尚哂笑："何谓得道？"

住持和尚："我得道之前，砍柴时惦念着挑水，挑水时惦念着做饭，做饭时又想着砍柴；得道之后，砍柴即砍柴，担水即担水，做饭即做饭，这就是得道。"

住持和尚说，得道就是"砍柴即砍柴，担水即担水，做饭即做饭"，这真是一语道破禅机，认认真真地干好手中的每件事情便是得道。不要把佛法想得过于高深和遥不可及，其实佛法很平凡，它存在于我们生活的每个细节之中。做佛就是做人，一个真正成佛的人，往往在人间最平常的地方。正如佛所说，真正的智慧成就，即非般若波罗蜜。"般若波罗蜜"是梵语，是"智慧"的意思，智慧到了极点，到了没有智慧的境界，那才是真智慧。真理就存在于平凡中，能到达人间最平凡处，才能接近佛法之道，也就是做人之道。

在佛家看来，世法与佛法是同样的道理，因此，出家的人要懂世法，世法懂了，佛法就通了。真正的佛法，并不是以梅花明月、洁身自好便能彻悟的，后世学佛的人，只重理悟而不重行持，大错而特错矣。

先学做人，再学做佛，这是佛法的本义。一个人如果真的能够照此修行，不但可以使自己获得幸福，还能够造福社会，成为社会的有用之材。

踏踏实实，保持真实的自己

“木末芙蓉花，山中发红萼，涧户寂无人，纷纷开且落。”这是王维的一首诗，名叫《辛夷坞》。这首诗写的是在辛夷坞这个幽深的山谷里，辛夷花自开自落，平淡得很，既没有生的喜悦，也没有死的悲哀。无情有性，辛夷花得之于自然，又回归自然。它不需要赞美，也不需要人们对它的凋谢洒同情之泪，它把自己生命的美丽发挥到了极致。

在佛家眼中，众生平等，没有高低贵贱，每个个体都自在自足，自性自然圆满。《占察善恶业报经》有云：“如来法身自性不空，有真实体，具足无量清净功业，从无始世来自然圆满，非修非作，乃至一切众生身中亦皆具足，不变不异，无增无减。”一个人如果能体察到自身不增不减的天赋，就能在世间拥有精彩和圆满。

我们常常会有这样的感觉，远处的风景都被笼罩在薄雾或尘埃之下，越是走近就越是朦胧；心里的念头被围困在重峦叠嶂之中，越是急于走出迷阵就越是辨不清方向。这是因为我们过多地执着于思维，而忽视了自性。佛祖曾经讲过一个故事，教导我们认识自性。

一位富人有四位妻子：第一个妻子活泼可爱，在富人身边寸步不离；第二个妻子是富人抢来的，倾国倾城却不苟言笑；第三个妻子整天忙于打理富人的琐碎生活，把家中大小事务管理得井然有序；第四个妻子终日东奔西跑，富人甚至忘记了她的存在。

富人生病即将去世，他把四位妻子叫到床前，问她们：“平日里你们都说爱我，如今我就要死了，谁愿意陪我一起去阴间呢？”

第一个妻子说：“你自己去吧，以前一直都是我陪在你身边，现在该换她们了。”

第二个妻子说：“我是迫于无奈才嫁你为妻的，活着的时候都不情愿，更不要说陪你赴死！”

第三个妻子说：“虽然我很爱你，但是我已经习惯了安逸稳定的生活，不愿意陪你去过餐风饮露、衣食无着的日子。”

富人非常伤心，他近乎绝望地看着第四个妻子。

第四个妻子说：“既然我是你的妻子，无论你到哪里我都会陪在你身边。”

富人心中一惊，既感动又愧疚地看着第四个妻子，含笑去世。

佛祖解释说：“其实这位富人就是芸芸众生中的一位，四位妻子则代表每个人活着的时候所拥有的东西。第一位妻子指的是你们的肉体，生来不可剥离，死时却注定要分开；第二位妻子指的是你们的金钱，生不带来，死不带去；第三位妻子指的是你们的妻子，活着的时候相敬如宾、举案齐眉，死的时候仍然要分道扬镳；第四位妻子指的是你们的自性，人们常常忘记了她的存在，而她却永远陪伴着你。”

每个人都有自性，也就是自己的本心，生而相随，死而相伴，不能抛却。然而，并不是所有人都能体察自性，于是很多人随波逐流，丧失自我。我们常常需要他人的赞美才能前行，一旦受打击就会停滞不前。要做到像辛夷花一样平淡地自开自落并不容易，但如果明了自己的本心，并坚信执守，就不会被他人的态度左右。

我们无法改变别人的看法，但可以保持一个真实的自己。想要讨好每个人是愚蠢的，也没有必要，与其把精力花在别人身上，还不如用尽全力踏踏实实做人、兢兢业业做事。改变别人的看法是很难的，做好自己却是容易的，如果一个人能保持自我生命的圆满，修一颗笃定的本心，就能把生命的精彩发挥到极致。

主动孤独，沉淀一切烦恼

有的人生性好静，懒于在灯红酒绿、尔虞我诈的社交场合敷衍应酬，闲暇时更愿意伴与青灯古卷，品茗读书，抑或独自远行，涉足山川沃野。但是，更多的人害怕孤独，无论是独自垂钓的宁静和淡泊，还是众人皆醉我独醒的超然，于他们而言，都是不堪忍受的折磨。

佛家将孤独的形式分为四种：

第一种是“主动的孤独”，就是为了修行而主动创造一个与他人隔绝的环境，无论打坐诵经，还是读书写作，都完全不受外界的干扰，只留下一颗求知之心。

第二种是“被动的孤独”，可以理解为情感上的孤独，是一个人从内心深处感受到的寂寞，或被团体成员所排斥时，即使身在团体之中依然能感觉到的孤独。

第三种是“思想的孤独”，当一个人的观点不为他人所接受，思想得不到他人认可时，就会感受到精神上的孤立无援。

第四种是“权势的孤独”，高处不胜寒的感受是大多数身居高位的人所共有的。

孤独的形式有所不同，但孤独的味道每个人都品尝过。下面这个故事中的修行者，就是一个切身体会到孤独并为此痛苦的人。

在一次禅七（禅宗的参禅方法，以七日为期坐禅修行）中，一位修行者突然哭了起来。圣严法师问他为何哭泣，他回答：“生活在世界上的孤独感让我害怕。”

圣严法师说：“难道你不知道每个人都是独自来到这个世界，最后也独自离开吗？”

修行者说知道，但是仍然害怕。

圣严法师问："那么在禅七修行中你还害怕吗？"

他说不怕，但是一回到日常生活中，由孤独而生的恐惧与不安就会再度袭来。

这个修行者所体验到的更多是情感上的孤独，情感无所寄托让他感到茫然和痛苦。在现实生活中，孤独是不可避免的，但是我们可以改变面对孤独的态度。事实上，孤独是修行与生活中都必不可少的状态，尤其对于真正有心修行的人来说，热闹的场合固然可以参与，但更应该适应孤独的情境，并且要能够出于自愿随时置身于孤独之中，追求"主动的孤独"。

一位禅宗大师曾闭关修行多年，在闭关之前，一位年老的居士前来拜访，并问他："你想成为什么样的和尚？"禅师并未做出明确的回答，这就像无法预计陶器经过炉火的烧烤会变成什么样子。孤独的修行与学习就像陶器烧制的过程一样，痛苦在所难免，但能使人得到提升。

一个人独处时，最好的知音是自己，最大的敌人也是自己。对于修佛之人而言，倘若一个人的修行功夫不够深，就很容易被自己的妄念左右。对于普通人来说更是如此，在孤独的环境中，若不能踏踏实实地潜心学习，就可能迷失在自己所设的迷障中。

孤独固然令人痛苦，但能让人变得更加坚强、更加成熟。"主动的孤独"更是如此，无论是修行，还是日常的学习，孤独的环境都能够让人获得平静的心态和静谧的氛围，不容易受到外界杂务琐事的干扰。在孤独的环境中，人最好的知音就是自己，通过"主动的孤独"，平静地面对自己，调理身心，思考生命。当人处于孤独之中时，一切烦恼和牵挂都沉淀下来，这样他会更容易看见自己的内心深处，更容易在内心深处找到自我，了解自己。只有真正了解自己，才能在现实生活中找到适合自己的人生方向，并努力贯彻，坚持到底。

自省的力量

自省，就是自我反省、自我检查，自知己短，从而弥补短处、纠正过失。佛陀强调自觉觉他，强调以达到觉行圆满为修行的最高境界。要改正错误，除了虚心接受他人意见之外，还要不忘时时观照己身。自省自悟之道，可以使人在不断的自我反省中达到水一样的境界，在至柔之中发挥至刚至净的威力，具有广阔的胸襟和气度。

“知人者智，自知者明。”观水自照，可知自身得失。人生在世，若能时刻自省，还有什么痛苦、烦恼是不能排遣、摆脱的呢？佛说：“大海不容死尸。”水性是至洁的，表面藏垢纳污，实质水净沙明，至净至刚，不为外物所染。

古代，一位官员被革职遣返，心中苦闷无处排解，便来到一位禅师的法堂。禅师静静地听完了此人的倾诉，将他带入自己的禅房之中。禅师指着桌上的一瓶水，微笑着对官员说：“你看这瓶水，它已经放置在这里许久了，每天都有尘埃、灰烬落在里面，但它依然澄清透明。你知道这是何故吗？”官员思索了良久，似有所悟：“所有的灰尘都沉淀到瓶底了。”

禅师点了点头，说道：“世间烦恼之事数之不尽，有些事越想忘掉却越挥之不去，那就索性记住它好了。就像瓶中水，如果你不停地振荡它，就会使整瓶水都不得安宁，混浊一片；如果你愿意慢慢地、静静地让它们沉淀下来，用宽广的胸怀容纳它们，那么心灵不但并未因此受到污染，反而更加纯净。”官员恍然大悟。

观水学做人，时常自省，便能和光同尘，愈深邃愈安静；便能至柔而有骨，执着而穿石，以“天下之至柔，驰骋天下之至坚”。时常自省，便能灵活处世，不拘泥于形式，因时而变，因势而变，因器而变，因机而动，生机无限；时常自省，便能清澈透明，纤尘不染；时常自省，便能润泽万物，有容乃大，通达而广济天下，奉献而不图回报。

古人说：“以铜为镜，可以正衣冠；以史为镜，可以知兴替；以人为镜，可以明得失。”如果没有自省的态度，那么，即使明镜摆在面前，也是视若无睹，何谈正衣冠、知兴替、明得失呢？

佛陀为了说明自省过失的重要性，做了一个比喻，记载于《百喻经》中。

有一个村庄的人合伙偷得了一头牛，并将它宰杀后分食。失牛的人追踪到村子里，问村人：“我的牛在你们村庄里吗？”

偷牛的村人答：“我们没有村庄。”

失牛人问：“池边不是有棵树吗？”

村人答：“没有树。”

失牛的人又问：“你们是不是在村庄的东边偷牛？”

村人仍旧回答：“没有‘东边’。”

失牛的人再问：“你们是不是在正午偷牛？”

村人还是回答：“并没有‘正午’。”

于是，失牛的人说：“没有村庄，没有池塘，没有树还算合理，可是天底下怎会没有东边，没有正午呢？所以你们一直在说谎，牛一定是你们偷的。”

那些村人再也无法抵赖，只好承认。

佛陀用这个故事来比喻那些犯了戒条却极力隐藏，不肯自省忏悔、改过迁善的人，他们总是用一个谎言来掩盖另一个谎言，最终无法掩盖其罪。只有勇于承认自己的过失，恳切地发出忏悔，才能走上光明的大道。

人人都犯过错误，但很少有人能自省，因为自省是一次自我解剖的痛苦过程，好比一个人拿起刀亲手割掉身上的毒瘤，需要巨大的勇气。认识到自己的错误或许不难，而用坦诚的心灵面对它，却不是一件容易的事。懂得自省，是大智；敢于自省，则是大勇。割毒瘤可能会有难忍的疼痛，也会留下疤痕，却是根除病毒的唯一方法。只要"坦荡胸怀对日月"，心地光明磊落，自省的勇气就会倍增。

自省是道德完善的重要方法，是治愈错误的良药，它能给混沌的心灵带来一缕光芒。在我们迷路时，在掉进了罪恶的深渊时，在灵魂被扭曲时，在自以为是、沾沾自喜时，自省就像一道清泉，将思想里的浅薄、浮躁、消沉、自满、狂傲等污垢荡涤干净，重现清新、昂扬、雄浑和高雅，让生命重放异彩、生机勃勃。

有约束，才不会走错路

佛法中之所以有十分严格的持戒，是因为任何事物都需要一定的约束。俗话说，"没有规矩，不能成方圆"，世间万事万物都受到一定的约束，没有事物拥有绝对的自由，只有不同约束条件下的相对自由。

约束和自由并非绝对，而是相对的。有了约束才会有自由，因为自由存在的前提是束缚，没有道德、法律上的约束和规定，或者各种人为的规则和要求，自由就无从谈起；另一方面，没有自由，约束也就失去了其意义和作用。

不仅是人，自然界里的其他生物亦如此。"大鱼吃小鱼，小鱼吃虾米"这句话，阐述的是生物链，而生物链就是自然界中自由与约束的关系。没有一种生物是没有天敌的，它们在和同类生活的同时，也要提防天敌的袭击。假设哪天狮子不吃羊了，豹不食兔子了，所有动物都安乐地繁殖，那么终有一天，世界上的动物会越来越多，那么除了“人口危机”外，还会出现“动物危机”，到时候动物们是不是也需要找一个星球来移居呢？

人与动物最根本的区别在于，人有一种非凡的能力，那便是自我约束。自我约束就是自律，是人生很重要也很难得的品德，也是一个人修养的体现。一个声誉良好的人总是能使自律成为习惯，正因为自律，他的品行才能经受住多种考验。而只要一时的忽视，就可能前功尽弃，使数年名声化为流水。

这天，刚刚做完日常佛事，僧侣们正要走出禅房时，方丈守心法师扬手碰落了供台上的一个瓷瓶，瓷瓶摔得粉碎。众弟子一下愣在那里，不知方丈这一举动是有意为之，还是无意所致。守心法师见学僧都以探询的眼光看着自己，便语气凝重地说：“一泥土，不知经历了多少工序，经过了多长时间的煅烧，才超脱成珍贵的瓷瓶，被我们摆上神圣的供桌，成为一件高贵圣洁的法器。如果保存好了，千百年都不会损坏，可以万世流传。可是，扬手之间，它就坠落于地，一文不值了。同理，一个人，尤其是敛德修行的僧人，取得了法号，悟出了境界，不是件易事，若不珍惜、不自律，堕落起来便与瓷瓶无异！”僧侣们都默默无语，有些人忽然有所顿悟，合掌跪地，深表忏悔。

正如守心法师所言，人若不珍惜、不自律，堕落起来便与坠地的瓷瓶一样，一文不值。名声品行积累起来不容易，但挥霍一空只是眨眼之间，令人痛惜，所以古人总是强调谨小慎微、善始善终。

约束看似抽象，但事实上，世间万物都是由它构成的。河床是河流的约束，如果河流没有了河床的约束，那么它将泛滥成灾；轨道是火车的约束，如果火车失去了轨道，那么它将无法行驶；土壤是植物的约束，如果植物离开了土壤，那么它将不能生存。道德与理智是人的约束，如果人失去了理智，没有了道德与规定的约束，那么这个世界将一片狼藉，也就不会有今天的文明了。

约束是必要的，对人对事物具有促进的作用。放任自流将导致泛滥成灾，只有约束才能成就秩序、成就和谐、成就圆满。生活中唯有学会自律，学会自我控制和自我约束，修炼一颗坚毅守矩的心，才能拥有坚强的意志，成就美好人生。

以勇气忏悔，用真诚改过

世界著名的文学大师巴尔扎克说："悔和爱是两种美德。"一个人能为自己的过错忏悔，是有力量的表现，是心灵接近纯净光明的象征。在佛家看来，忏悔能消一切业，能增长善法功德。

常惭愧、常反省、常忏悔，才能常进步。一颗时时自省、时时惭愧、时时忏悔的心，如一盏警示灯，保证生活航路的平稳安全。如果一个人从懂事的时候开始，就经常惭愧对父母的孝顺不够，对老师的尊敬不够、对亲人的照顾不够，经常惭愧对晚辈的提携不够、对别人的恭敬与沟通不够，经常惭愧不懂世间的各种学术、没有能力担当世间的各种责任，并在这种惭愧之上自省，进而忏悔改正，就一定会奋发图强，有所作为。这是学佛者的佛道，也是为人者的人道。

佛陀让弟子们在庭院中竖起一根大铁柱。

在新年的前夜，佛陀叫来阿难，请他先去沐浴，然后换上一件新袈裟。等阿难梳洗完，穿着新装来到佛陀面前时，佛陀慈爱地对阿难说：

"阿难！我要请你帮我做一件很重要的事。"

阿难急忙问："世尊，您要我给您做什么事呢？"

佛陀微微一笑，指着那根竖立在不远处的铁柱对阿难说：

“你去敲一敲那根铁柱，一定要用力地敲，使劲地敲。”

阿难点头答应后就走到那根铁柱旁，拾起地上一块坚硬的石头，对着那根铁柱先试着比画了几下，随后用力敲了一下。

猛然间，那根铁柱发出了响亮的声音，这声音几乎传遍整个舍卫国，连地狱里的饿鬼和畜生道的畜生们也都听见了。更奇怪的是，大家听到这声音后，所有的痛苦、烦恼都消失了。这些事阿难在敲击铁柱前并没有想到，事实上，连阿难自己也被声音震撼了。

这声音将在僧房中休息的比丘们召唤了出来，他们都会聚到讲经堂。

佛陀对他们说：“众位弟子，明天就开始新的一年了，大家已学习了一年的佛法，现在你们应该反省一下自身，我也同样需要反省。你们两人一组，各自向对方检讨自己的过失，并要对自己所犯的过失做出忏悔，使自己的身心清净不染杂念。”

所有弟子都遵从佛陀的吩咐，两人一组，认真检讨自身，忏悔后重新回到了自己的座位上。

这一天中，有一万个比丘感受到了佛义，消除了一切杂念，另有八千个比丘修成了阿罗汉。

使八千比丘修成阿罗汉，使一万比丘除却杂念，这就是忏悔的力量。忏悔能让你战胜内在的敌人，清除自己灵魂深处的污垢尘埃，减轻精神痛苦并净化自己的精神境界。

忏悔是一日三省吾身的坚毅，是放下屠刀的睿智，是对过去丑陋行为的诀别。如果一个人有了忏悔的需要，是因为他发现了美好而光明的东西。忏悔并不是一件容易的事情，因为它意味着完全袒露内心，正视自己的过失，这需要很大的勇气。

忏悔能洁净灵魂，在忏悔中，我们能认识并改正已犯下的过错，在此基础上防止同样的错误再次发生，并且不断地改进并完善自身。其实，无论是学佛修行，还是工作生活，都应该正视自己的不足。唯有认识到自己的不足，才能够使自己更完美，由此使生活更完美。

敲响心灵的忏悔之钟，以莫大的勇气，严肃而诚挚地看待自己的瑕疵，探索内心，找出自己的缺陷，并诚心改过这些缺陷，修一颗真诚的忏悔心。

心不动，荣辱皆安定

"不动心"是一个人修养和定力的体现，若一个人心无定力，就会被外界环境左右，随外界的境遇而动摇。佛家认为，心是一切的基础，一个人如果想要真正入定，必须先从修心开始。修心即是净心，心灵不随外物而转，就能达到心智的自由。

五色幡升空时迎风飘动，一僧说是幡动，一僧说是风动，六祖惠能从旁边经过，笑谈，既非风动，也非幡动，乃二僧心动。

风动、幡动，都不过是外境的变迁，不动心，才能真正认清自我，保持内心的安宁。

人们想要净心时，往往习惯于用理性去控制，但这样做很可能适得其反。虽然在不断告诉自己"不能动心，不能动心"，其实这个时候心已经在动了；提醒自己"心不能随境转"，这个时候心已经转了。真正的净心不是刻意控制，也不是刻意把握它。什么时候都知道自己的心，心自然而然就不因外在环境而波动。心不动了，人就不会为外界的诱惑所动，从而可以净化自身。

仰山禅师有一次请示洪恩禅师："为什么吾人不能很快地认识自己？"

洪恩禅师回答："我给你说个譬喻，如一室有六窗，室内有一猕猴，蹦跳不停，另有五只猕猴从东西南北窗边追逐猩猩。猩猩回应，如是六窗，俱唤俱应。六只猕猴，六只猩猩，不容易很快认出哪一个是自己。”

仰山禅师听后，知道洪恩禅师是说吾人内在的六识（眼、耳、鼻、舌、身、意）和追逐外境的六尘（色、声、香、味、触、法），鼓噪繁动，彼此纠缠不清，如空中金星蜉蝣不停，如此怎能很快认识哪一个是真的自己？因此便起而礼谢道：

“适蒙和尚以譬喻开示，无不了知，如果内在的猕猴睡觉，外境的猩猩欲与它相见，且又如何？”

洪恩禅师便下绳床，拉着仰山禅师，手舞足蹈似地说道：

“好比在田地里，防止鸟雀偷吃禾苗的果实，竖一个稻草假人，所谓‘犹如木人看花鸟，何妨万物假围绕’？”

仰山终于言下契入（在言语中体会佛法真意）。

人之所以难以认清自己，是因为真心蒙尘，就像一面镜子，被灰尘遮盖，就不能清晰地映照出物体的形貌。真心不显，妄心就会占据人心，时时刻刻攀缘外境，心猿意马，不肯休息。

不识本心，内心不定，心就会随物转；倘若能了知自己的心，动静如一，那么万象万物都可以随心而转。净心才能入定，从而摆脱外物的牵绊；心不因外物而动才能真正认清自己，遇到顺境不动，遇到逆境也不动，不受任何外在的影响。“心不在焉，视而不见，听而不闻，食而不知其味”，不管世间如何变化，在心静的人看来，都是一样。

可是，大部分时候我们的心不但无法静定，无法转物，还常常随着外境的变动团团转。心灵之所以做不了主，是因为世间诱惑太大，我们容易被虚名所惑，被虚利所迷，无法摆脱欲望的纠缠。

人们常常有一种随波逐流的从众心理，做事的动机往往不是那么明确，看到别人怎么做自己也怎么做，而不是按照自己的主观意愿去行动，尤其是在通往成功、幸福、快乐的道路上，一切似乎已经有了约定俗成的标准。

俗话说："众口铄金，积毁销骨。"能在多数人的否定中肯定自我的人是具有大智慧的人，也是能走向成功的人。能够在多数人的打击中昂然挺立，坚持自己的判断，不为外物所动，这样的人一定能有所成就。只要心中澄澈清明，就不会被欲望牵制。

每个人都有无可取代的优点

有一位得道高僧说："如果你认定自己是块陋石，那么你可能永远只是一块陋石；如果你坚信自己是一块无价的宝石，那么你就是无价的宝石。"

人如果能够正确地看待自己，就是成功的一半，关键在于，人很难做到正确地看待自己。

佛陀或者高僧渡人，就是要教人们找到自身的慧根，告诉人们成佛的关键在于自己的修为和领悟。渡人的第一任务，是教会别人认清自己的优点。

有一次，石屋禅师和一个偶遇的青年男子结伴同行。天黑了，那个男子邀请禅师去他家过夜："天色已晚，不如在我家过夜，明日一早再赶路？"

禅师向他道谢，与他一同来到他家。半夜的时候，禅师听见有人蹑手蹑脚地进入他的屋子里，禅师大喝一声："谁！"

那人被吓得跪在地上，禅师揭去他脸上蒙着的黑布一看，原来是白天和他同行的青年男子。

"怎么是你？哦，我知道了，原来你留我过夜是为了这个！我一个和尚能有多少钱，你要干就干大买卖！"

那男子说："原来是同道中人！你能教我怎么干大买卖吗？"

禅师对他说："可惜呀！你放着终生享用不尽的东西不去学，却来做这样的小买卖。这种终生享用不尽的东西，你想要吗？"

“这种终生享用不尽的东西在哪里？”

禅师突然紧紧抓住男子的衣襟，厉声喝道：“它就在你的怀里，你却不知道，身怀宝藏却自甘堕落，枉费了父母给你的身体！”

一语惊醒梦中人，这个人从此改邪归正，拜石屋禅师为师，后来成为著名的禅僧。

在失败或者不如意的时候，人们往往怨天尤人，觉得世道不公。事实并非如此。人们之所以有这种想法，是因为他们忽略了自身的力量。正像故事中所表达的，很多时候我们都对自身高贵的灵魂视而不见。这个灵魂是我们最忠实的朋友，只要需要它、相信它，它就不会离我们而去。

任何人都不要觉得自己过于平凡、不值一提，每一个人都拥有佛性，关键在于能否给予自己肯定。人是可以改变的，一切就看自己怎么看待。如果太早给自己下定论，屈服于现有的命运，那么，一生将只能停留彷徨。

在学会肯定他人之前，应当先学会肯定自己。自我肯定，要有“我能、我会、我可以”的自信。一个能自我肯定的人，自然拥有自信。

每个人身上都有独一无二的优点，认清自身的宝藏，了解自己的心，对自己有坚定不移的信心，才能实现自我，走出一条正确的道路来。

第二章
安心：真正的贫穷是心无安处

明浮躁源，戒浮躁心

无论外界怎样，我们都应该随时提醒自己不要有一丝一毫的浮躁，认认真真、踏踏实实才是处世之道。

浮躁，是轻浮急躁的意思，是造成人们做事的目的与结果不一致的常见原因。心浮气躁的人做起事来一味追求速度，既无准备，也无计划，恨不能一日千里、一蹴而就，结果往往遭遇挫折和失败，由此给自己造成心理上的痛苦和烦恼。要从浮躁中解脱身心，首先必须找出浮躁的根源。

浮躁源自急于求成的心态和希望立刻拥有一切的贪婪。一个人若是贪求太多，心中的念头就会一个接着一个，不得平息。念头一多，情绪波动就大，而情绪越是起伏不定，做事就越急躁，越不得要领，因此也就难以达到目标。

现代高僧弘一法师在念佛一事上很强调戒"躁"，他十分痛恨浮躁，认为有些人之所以念不好佛，完全是浮躁导致的。人人都能念佛，不认识字的人可以先听大家念，一边听一边学；而口舌不灵便的人则可以跟着大家慢慢地念；懒惰的人也可以被大家一起念佛的积极性所感染，从而也和大家一起念。

不认识字的人、口舌不灵便的人、懒惰的人之所以念不好佛，是因为他们只盯着结果，而不愿花费心思做好眼前的事。正如弘一法师所说，只要肯用心，人人都能念好佛。做事情也是如此，只要静下心来努力去做，没有做不到的。

一位学僧问禅师：“师父，以我的资质多久可以开悟？”

禅师说：“十年。”

学僧又问：“要十年吗？师父，如果我加倍苦修，又需要多久开悟呢？”

禅师说：“得要二十年。”

学僧很是疑惑，于是又问：“如果我夜以继日、不休不眠，只为禅修，又需要多久开悟呢？”

禅师说：“那样你永无开悟之日。”

学僧惊讶道：“为什么？”

禅师说：“因为你只在意禅修的结果，又如何有时间来关注自己呢？”

禅师意在劝诫学僧，凡事切不可急躁冒进。的确，想要成就一番伟业，关键在于戒除急躁，真正静下心来，一心一意地将事情做好。一个人越是急躁，就会在错误的思路中陷得越深，也就越难以摆脱痛苦。

宋朝的朱熹十五六岁就开始研究禅学，而到了中年之时才感觉到，速成不是创作良方。于是，他以“欲速则不达”这句话警醒自己，之后下苦功，方获得了一定的成就。他有一句十六字箴言：“宁详毋略，宁近毋远，宁下毋高，宁拙毋巧。”

然而，对于“只争朝夕”的现代人来说，追求形式上的成功和表面的风光，远比踏踏实实追求理想容易。我们总是希望尽可能多地拥有美好的东西，于是心浮气躁、汲汲营营地追求，但往往求得了这个，丢失了那个，心中满是愤懑。求不得、舍不得，懊恼不堪，生命就这样在拥有和失去之间流走。

如果我们真正想要成就一番事业，就必须静下心来，脚踏实地，摆脱速成心理，戒除急躁。具体可以参考以下几点：

一、梳理情绪，掌控情绪。不要被急躁的心情牵着鼻子走，要了解每一种情绪的来龙去脉，然后将它们分门别类，这样才能让内心纷杂的念头安定下来。

二、收敛自己的心，不要四处贪求，为了得不到的东西烦恼。

三、专注眼前。别想太多，试着用心留意此时此刻的呼吸，顺着它的节奏，让杂念在一呼一吸间逐渐沉淀。

四、明确最根本的目标，制订计划，细分步骤，一步一个脚印地走下去，循序渐进地达到目标。

无论外界怎样，我们都应该随时提醒自己不要有一丝一毫的浮躁，只有认认真真、踏踏实实地生活，才能保持宁静平和的心态，为每一个目标做好充足的准备，耐心做好每一阶段的事，最终获得成功。

心常在静处

与其让浮躁影响我们正常的思维，不如放开胸怀，静下心来，默享生活原味。

“非宁静而无以致远。”诸葛亮如此告诫幼子。静是什么？是泰山崩于前而色不变，是大胸襟，也是大觉悟，非丝非竹而自恬愉，非烟非茗而自清芬。

《华严经》中有一首偈语：“菩萨清凉月，常游毕竟空。众生心垢净，菩提月现前。”这就是说，如果我们能保持心灵平淡清静，佛性就会自显。

静，是一种大知大觉的灵机，是高山野云般的空灵智慧，是修佛之人必持的禅定智慧。“宁静即释迦”，我们的心若能常常清静，没有贪、嗔、痴，遇到什么境界都不受影响——不论外在的利诱，还是险恶的威胁，内心都不受其影响，就叫作宁静。

生活紧张而焦灼的人很难品味到静的清芬与恬愉，因为身外的嘈杂和喧哗太多，以至于忽略了自己的内心。

小和尚问老和尚：“僧人皈依佛门，四大皆空，讲究的是虚静。那么，我们来世上一遭，究竟是为了什么呢？还有什么是属于我们的呢？”

“为了自己的心啊。”老和尚开导小和尚说，“属于我们的太多太多了，自由的身心、超脱的意念，以及蓝天白云、这山那水。”老和尚看着小和尚一脸困惑的样子，又补充说：“当一个人四大皆空时，这世间的一切就都是他的了。见山是山、见水是水，梦游四海、思渡五岳，我们还有什么不可以企及的呢？”

小和尚说：“那尘世间的人们不也拥有这些东西吗？”

老和尚说：“不！有钱的人，心中只拥有钱；有宅第的人，心中只惦记着宅第；有权势的人，心中只关注权势。他们拥有某项事物的同时，也失去了除此之外的所有事物。”

这时，太阳落山，月亮从东方升起，山中炊烟袅袅腾腾。小和尚望着山水云月，舒心地笑了。

人们常常为名誉、钱财等身外之物奔波劳碌，殊不知，身外的堆积越多，离生活最本真的清静就越远。心浮气躁、患得患失之间，人很难得到沉静的安宁。与其让浮躁影响我们正常的思维，不如放开胸怀，静下心来，默享生活的原味。

宁静可以沉淀出生活中许多纷杂的浮躁，过滤出浅薄粗浮等人性的杂质，可以避免许多鲁莽、无聊、荒谬的事情发生。宁静是一种气质、一种修养、一种境界、一种充满内涵的悠远。安之若素，沉默从容，往往比气急败坏、声嘶力竭更显涵养和理智。想获得宁静，可参考以下几点：

一、不轻易起心动念。这或许是达到“心静则万物莫不自得”之境界的最佳途径。有些时候，人真的不必太急功近利，不如将心跳放缓，安然领略人生的每一处风景。

二、观想。所谓观想，就是找一个目标物，这个目标物可以是任何有形的物体，将它放在眼前观看，然后将脑中的想法集中在眼前的物体上，控制自己不去想其他的事。经常训练观想，让心灵入定，能有效去除杂念。

三、平衡负面情绪。一个人快乐时，内心往往很平静，狂风暴雨的声音，也可以当成美妙的乐曲来享受；但若是在痛苦烦恼时面对暴风雨，就很可能心生焦躁和恐惧。因此，去除烦恼，才能让心沉淀下来。

此心常在静处，谁能差遣？拥有一颗宁静的心，才能平静看待世间的得失，才能从容地面对自己的生活。太多不切实际的杂念，是我们登上人生顶峰的最大阻碍。如果能够让心沉下来，不因外界的干扰而动念，我们就有可能更接近成功，生活的本真快乐也能在沉静的瞬间自然显现。

细沙含一方世界，野花藏一座天堂

一旦我们懂得放慢脚步，为自己寻找一方安静心空，就可以在遭遇困难时仍拥有幸福的感觉，也可以从容地面对生活中的压力和挫折。

“尽日寻春不见春，芒鞋踏遍岭头云，归来笑拈梅花嗅，春在枝头已十分。”一路行走一路歌是人人向往的境界，一路行走一路愁却是大多数现代人生活的常态。生活的旅途中，人们常常忽略美好而执着于痛苦，在不停歇的拼搏和追逐中，疲惫万分。

步履匆匆，以至于忽视了路边美景；身在花丛，却嗅不到满园芬芳。古人说“月影松涛含道趣，花香鸟语透禅机”，禅门语“青青翠竹，尽是法身；郁郁黄花，无非般若”，细沙中包含的那一方世界，野花中蕴藏的那一座天堂，你是否看到了呢？

有好多天，慧海和尚独坐寺内，郁闷不语。师父看出其中玄机，并不言语，微笑着和慧海走出寺门。

半绿的草芽、斜飞的小鸟、流动的小溪，门外是一片大好的春光，慧海和尚深深地吸了一口清新的空气，偷窥师父，师父正安详地打坐于半山坡上。慧海有些纳闷，不知师父葫芦里卖的什么药。

过了一个上午，师父才起身，还是不说一句话，只打个手势，把慧海领回寺内。

刚入寺门，师父突然向前一步，轻掩两扇木门，把慧海关在寺外。慧海不明白师父的意思，独自坐于门前，纳闷不语。很快天色就暗了下来，雾气笼罩了四周的山冈，树林、小溪，连鸟语、水声也变得不明朗起来。

这时师父在寺内朗声叫慧海的名字，进去后师父问："外边怎么样？"

"全黑了。"

"还有什么吗？"

"什么也没有了。"

"不，"师父说，"外边的清风、绿野、花草、小溪一切都在。"

慧海顿悟，明白了师父的苦心。

慧海和尚沉浸在心里的烦闷之中，看不见身旁大好的春光。漆黑的天色正如慧海被烦恼遮蔽的双眼，掩盖了白天的美景。其实，清风绿野一直都在，只是人们对此视而不见罢了。

心中装满各种纷杂的思想，自然无法闻到近在鼻端的花香，只有身处安宁的境界中，一切才可寻。安宁是心灵的平静，能够让人在嘈杂浮华中找到自己的心灵空间。安宁并不是一种懒散、没有生气的状态，而是一种清澈空灵的心灵之境。一旦我们懂得放慢脚步，为自己寻找一方安宁心空，就可以在遭遇困难时仍拥有幸福的感觉，也可以从容地面对生活中的压力和挫折，欣赏到生活中的美好。

我们常常会看到这样一类人：他们勤奋、努力地工作，但是脾气暴躁，生活也因此变得混乱不堪。他们只顾匆匆赶路，却忘了欣赏路边的风景，从而葬送了自己安静的生活，失去了自己本该拥有的幸福。

真正能享受平和宁静的人，才是离自我、离幸福最近的人。在当今这个忙碌的社会里，人们会因各种各样的事情而狂躁不安，会因自我控制能力的弱化而情绪大幅波动，会因焦虑和多疑而饱受煎熬。只有那些明智的人，才会掌控并引领自己朝着他们原本需求的方向走去。

无论我们身在何处，要做什么，要往哪里去，都应记住：在生活的沙漠中，总会有一片绿洲等待我们去发现，总会有一些花朵为我们绽放。不妨放慢脚步，好好欣赏周围的风景，很多时候，幸福只是躲在安宁背后的一道风景，等待着我们将一切纷乱沉淀下来，在去除心灵的阴霾之后，用心去寻找，去发现。

越亲近自然，焦虑越易消失

大自然具有无穷无尽的美，能给人们疲惫的心灵带来抚慰。

王维《鸟鸣涧》诗云：

人闲桂花落，夜静春山空。

月出惊山鸟，时鸣春涧中。

人人皆以为王维只是在写自然界景物的美丽，其实这首诗不只体现了自然界的美丽，更是诗人内心的写照，体现了诗人心中禅心与禅境的完美结合。这首诗的境界之所以如此静谧、寂远，原因在于诗人心无挂碍，眼中只有山间花落、月出、鸟鸣融为一体的美丽，不见人生的烦恼。

很多禅修之人，修行了几十年，仍无法达到自悟的程度，这是因为他们受到俗世的羁绊，心生浮躁之气，缺少清净、纯洁的安详。

有位虔诚的佛教信徒，每天都从自家的花园中采撷鲜花到寺院供佛。一天，当她送花到佛殿时，碰巧遇上无德禅师从法堂出来，无德禅师非常欣喜地道："你每天都这么虔诚地以鲜花供佛，根据佛典记载，常以鲜花供佛者，来世当得庄严相貌的福报。"

信徒非常高兴地回答："我每次来您这里礼佛时，觉得心灵就像洗涤过似的清凉，但回到家中，心就烦乱起来。作为一名家庭主妇，如何在喧嚣的尘世中保持一颗清凉纯洁的心呢？"

无德禅师反问道："你以花礼佛，对花草总有一些常识，我现在问你，你如何保持花朵的新鲜呢？"

信徒答道："保持花朵新鲜的方法，莫过于每天换水，并且在换水时把花梗剪去一截儿，因为这一截儿花梗已经腐烂，腐烂之后不易水分吸收，花就容易凋谢！"

无德禅师说："保持一颗清凉纯洁的心也是这样啊，我们生活的环境就像瓶中的水，我们就是花，唯有不停净化我们的心灵，改变我们的气质，并且不断地忏悔、检讨，改掉陋习、缺点，才能不断汲取大自然的养分啊。"

信徒听后，幡然醒悟。

无德禅师的话就像一泓清新的山泉，浇灌着人的心田。的确，要想心灵保持纯洁，就要不断地忏悔，改掉自己的缺点。如此，无论生活多么眼花缭乱，都可以化作装点心灵的花，衬托心灵的美。

在如今这个高速发展的时代，都市的噪音及紧张的生活节奏令人焦虑不安，适度地离开熙攘的尘嚣世界，接近大自然，享受大自然带给我们的乐趣，是品味生活的良好方式。在自然中放松自己的方法包括以下几种：

首先，在空虚或焦躁时，不妨走近自然，欣赏大自然的壮观美景，感受大自然的宽广胸襟，心情就会愉快起来，一切苦闷和阴影也都会散去。

其次，让眼睛看向远方的地平线，凝视自然地形、色彩的变化，感受自然的香味和声音，可以获得和大自然融为一体的感觉，由此也可以缓解生活中的压力。

再次，凝视天际时，不妨想象眼睛的肌肉已释放所有的紧张。在古代，面对大自然时产生的渺小感几乎令人害怕，今天我们对于一泻千里的瀑布或高耸的悬崖峭壁依然感到敬畏。站在它们脚下，我们能用更宽广的角度看自己，并调整我们看事情的角度。我们花越多时间在大自然的美景中，就有越多的焦虑远离我们。

修一颗不为身体境遇所动的心

能做到成败骤然降临而不惊，宠辱无故加诸己身而不动，便是拥有了一种笑看花开花落的淡定和智慧。

人或得意，或失意，不管什么样的心境皆是由身而来。身处何境，甚至身体上具体的痛楚，都能时时影响人的心理状态。因此，所谓的“修养”，一言以概之，便是修炼出一颗不为身体境遇所动的心。能做到成败骤然降临而不惊，宠辱无故加诸己身而不动，便是拥有了一种笑看花开花落的淡定和智慧。

宠，是得意的表象；辱，是失意的代号。当一个人功成名就时，如果平素就有淡泊名利的真修养，就不会欣喜若狂，喜极而泣，甚至得意忘形。得意中不忘形，顺境中居安思危，就能在功名加身时保持心境的淡然。如果面对一时的失意也依然挺直脊背，坦然面对挫折，就能时刻守住心灵的平和，在逆境中奋发，最终走出失意的阴影。

做到得意失意皆平和并不容易，就连为人达观洒脱的文豪苏轼，受人羞辱也难以淡然处之，可见宠辱不惊的修为之难。

宋朝时苏轼在江北瓜州地方任职，和江南金山寺只一江之隔，他和金山寺的住持佛印禅师经常谈禅论道。一日，苏轼自觉修持有得，撰诗一首，派遣书童过江，送给佛印禅师印证，诗云：“稽首天中天，毫光照大千；八风吹不动，端坐紫金莲。”八风是指人生所遇到的“嗔、讥、毁、誉、利、衰、苦、乐”八种境界，因其能侵扰人心情绪，故称之为风。

佛印禅师将诗阅后，拿笔批了两个字，就叫书童带了回去。苏轼以为禅师一定会赞赏自己修行参禅的境界，急忙打开禅师的批示，一看，只见上面写着“放屁”两个字，不禁无名火起，于是乘船过江找禅师理论。船到金山寺时，佛印禅师早已站在江边等待苏轼，苏轼一见禅师就气呼呼地说：“禅师！我们是至交，我的诗、我的修行，你不赞赏也就罢了，怎可骂人呢？”禅师若无其事地说：“骂你什么呀？”苏轼把诗上批的“放屁”两字拿给禅师看。禅师哈哈大笑说：“言说八风吹不动，为何一屁打过江？”

苏轼闻言惭愧不已，自觉修为不够。

“八风吹不动”是一种心不随身而动的修为境界，可是要将这种境界时刻落到实处，并不容易。

要做到八风不动、宠辱不惊，首先，人们要用广阔的视角去看待事物，运用全方位的思考方式来解决问题。一旦思维钻入了牛角尖，就可能对任何挫折都耿耿于怀，无法腾出空间来整理思绪，因此也就没有办法以坦然之心面对困境。

其次，遇事不慌张。别人讲的话，做的事，都要在自己脑中先过一遍，细细想一想再做出反应。无论是来自他人的赞美、帮助，还是羞辱、侵害，都应以理智来应对。

再次，要做到不动心。不为名利而动，不为苦难而动，不为权势而动，不为嗔怒而动，不为毁谤而动。

《菜根谭》里说："宠辱不惊，闲看庭前花开花落；去留无意，漫随天外云卷云舒。"为人做官能视宠辱如花开花落般平常，才能"不惊"；视职位去留如云卷云舒般自然，才能"无意"。"闲看庭前"大有"躲进小楼成一统，管他冬夏与春秋"之意；"漫随天外"则显示了目光高远，不似小人一般浅见的博大情怀；一句"云卷云舒"又隐含了"大丈夫能屈能伸"的崇高境界。对事对物，对功名利禄，失之不忧，得之不喜，正所谓"淡泊以明志，宁静以致远"。

修持一颗淡定之心，做到得意时淡然，失意时坦然，方能心态平和、恬然自得，方能达观进取、笑看风云。

做第三类人：提起，放下

我们要放下浮躁的心，提起淡定的心。无论进退，都不喜不忧，处于低谷不消沉，登上顶峰也不迷失。

人可以分为三类：第一类，提不起、放不下；第二类，提得起、放不下；第三类，提得起、放得下。

第一类人占据了芸芸众生中的大多数，他们只懂享受，却从不承担。他们的内心放不下对功名利禄的追求，像是寄居在荨麻茎秆上的菟丝子，攀附在其他植物之上，毫不费力地汲取着养分，却从不奉献什么。

第二类人有担当，有责任心，而且往往目标明确，会凭借着自己的能力向上攀登。可他们一旦有所获得就舍不得放下，往往拖着越来越重的行囊，艰难上路。

第三类人有理想、有魄力、有担当，而且心地坦然，头脑睿智，可攻可守，可进可退。

提放自如，并非一件简单的事情。提起需要承担责任的勇气，放下也需要斩断妄念的魄力。提起什么，放下什么，也需要有所选择。

一天，寺前来了两个陌生人，年长的仰头看看山，问寺里的和尚：“这就是世上最高的山吗？”

“大概是的。”和尚轻轻地答道。年长的没再说什么，就开始往上爬。

年轻人对和尚笑了笑，问：“等我回来，你想要我给你带什么？”和尚看着年轻人说：“如果你真的到了山顶，就把那一时刻你最不想要的东西给我就行了。”

年轻人很奇怪，但也没多问，就跟着年长的人往上爬。斗转星移，不知又过了多久，年轻人独自走下山来。

又是那座寺前，和尚问年轻人：“你们到山顶了吗？”

“是的。”

“另一个人呢？”

“他，永远不会回来了。”

“为什么？”

“唉，对于一个登山者来说，一生最大的愿望就是战胜世上最高的山峰，当他的愿望真的实现了，也就没了人生的目标，这就如同一匹好马折断了腿，活着与死去，已经没有什么区别了。”

“他……”

“他从山崖上跳下去了。”

“那你呢？”

“我本来也要一起跳下去，但我猛然想起答应过你，把我在山顶上最不想要的东西给你，看来，那就是我的生命。”

“那你就来陪我吧！”

年轻人在庙旁搭了个草房，住了下来。人在山旁，日子过得虽然逍遥自在，却如白开水般没有味道。年轻人总爱默默地看着山，在纸上胡乱画着。久而久之，纸上的线条渐渐清晰了，轮廓也明朗了。后来，年轻人成了一个画家，绘画界宣称一颗耀眼的新星正在升起。接着，年轻人又开始写作，不久，他就以文章回归自然、清秀隽永而一举成名。

许多年过去了，昔日的年轻人已经成了老人，当他回想往事的时候，他觉得画画、写作其实没有什么两样。最后，他明白了一个道理：其实，更高的山并不在人的身旁，而在人的心里，只有忘我才能超越。

故事中年长的登山者就属于第二类人，他执着地追求着登上世界最高峰的荣誉，而愿望实现了，他却不能将之放下并继续前行，所以他认为只有绝路可寻；而另一位年轻人也有了轻生的念头，但因为不能违背对和尚的承诺，他才有机会了悟真正的禅机——世界上更高的山在人的心里。收放之间，我们便能不断得到提升，只有坦然放下一切俗物俗心的牵绊，才能真正觅得生命的意义。

星云大师曾说，做人要像一只皮箱，随时提放自如，当提起时提起，当放下时放下。光是提起，拖累太多，非常辛苦；光是放下，要用的时候，就会感到不便。提放自如，意味着不浮躁、不虚荣、不自私，意味着心灵宁静，不被任何外界因素动摇。

要做到提放自如，首先，要把去恶行善的心提起，把争名逐利的心放下。“诸恶莫作，众善奉行，自净其意，是诸佛教”。去恶行善是佛教的基本教义之一，行善是分内事，止恶也是该主动承担的责任。真正的智者应该孑然一身，不受虚名牵绊，也不为富贵诱惑。

其次，要把成己成人的心提起，把成败得失的心放下。成就自己的目的是为了成就别人，只有充实自己，才有足够的能力去帮助别人。在充实自己的过程中，失败是难免的，要能够在失败中汲取教训，在成功中积累经验，而不只是沉浸在收获的快乐或者失败的痛苦中不能自拔。

最后，要把淡定的心提起，把浮躁的心放下。无论进退，都不躁进冲动，都不喜不忧，不沉醉不迷失，专注于自身，如此方能收获心灵的平和与充足。

在喧嚣处，修得暇满身

真正的清闲应是身处繁华世间，心中能不生浮躁，不起烦恼，拥有一颗无分别的心，从容面对任何境遇。

人们生活在喧嚣之中，不仅环境的喧嚣无处不在，内心深处不息的追逐和欲望带来的喧嚣，也令人不得安宁。人们或许可以回归大自然，寻找片刻的宁静，然而大多数时候，人们身陷凡尘，无法平复内心的欲求和骚动，因为人们不懂得在喧嚣处为自己留一份清静。

历史上，许多得道禅师远离世俗，独自在佛法中寻得了内心的宁静，这份宁静，使他们曾经孤单的内心绽放出芬芳的莲花，荒凉如沙漠的灵魂注入一股清泉。他们孤单，但并不寂寞，内心感到的只是清净。这份清净，使他们能听到落叶的声音，明白时光的絮语。

有的人可能认为清静是一种难耐的寂寞，但在禅师们的心中，清净是生活中难能可贵的境界。

赵州禅师问新来的僧人："你来过这里吗？"

僧人答："来过！"

赵州禅师便对他说："吃茶去！"

又问另一个僧人："你来过这里吗？"

僧人答："没有。"

赵州禅师也对他说："吃茶去！"

在一旁的院主奇怪地问："怎么来过的叫他去吃茶，没有来过的也叫他去吃茶呢？”

赵州禅师就叫：“院主！”院主答应了一声，赵州禅师对他说：“走，吃茶去！”

心若清净，才能有心思吃茶，才能品味出茶的清香。一个想得太多的人，心灵如同投进石子的湖面，失去了原来的平静。偶尔如此没有关系，若常常如此，心湖没有静止的时候，人们便永远体会不到安宁。内心清净的人，不会想太多，亦不会要求太多，就像母体中的婴儿，处于一种无可无不可的快乐无忧的境界。

心若清净，凡事简单，如此，才能尽享生命的清闲之福。暇满之身就是健康有闲，可世界上的人有清闲不肯享受，有好身体要去消耗掉，而且真到了清闲暇满，自己反而悲哀起来。这类人内心是喧嚣的，他们不知道清净的重要，不懂清闲的滋味。

真正的清闲应是身处繁华世间，心中能不生浮躁，不起烦恼，拥有一颗无分别的心，从容面对任何境遇。

唐朝时，有一位懒瓒禅师隐居在湖南南岳衡山的一个山洞中，他曾写下一首诗，表达他的心境：

世事悠悠，不如山岳，卧藤萝下，块石枕头；

不朝天子，岂羡王侯？生死无虑，更复何忧？

这首诗传到唐德宗的耳中，德宗心想，这首诗写得如此洒脱，作者一定也是一位洒脱飘逸的人物吧！应该见一见！于是就派大臣去迎请懒瓒禅师。

大臣拿着圣旨东寻西问，总算找到了懒瓒禅师所住的岩洞。见到懒瓒禅师时，正好瞧见禅师在洞中生火做饭。大臣便在洞口大声说道：“圣旨到，赶快下跪接旨！”洞中的懒瓒禅师却毫不理睬。

大臣探头一瞧，只见懒瓒禅师以牛粪生火，炉上烧的是地瓜，火愈烧愈炽，整个洞中烟雾弥漫，熏得懒瓒禅师鼻涕纵横，眼泪直流。大臣忍不住说：“和尚，看你脏的！你的鼻涕流下来了，赶紧擦一擦吧！”

懒瓒禅师头也不回地答道：“我才没工夫为俗人擦鼻涕呢！”

懒瓒禅师边说边夹起炙热的地瓜往嘴里送，并连声赞道：“好吃，好吃！”

大臣凑近一看，惊得目瞪口呆，懒瓒禅师吃的东西哪是地瓜呀，分明是像地瓜一样的石头！懒瓒禅师顺手捡了两块递给大臣，并说：“请趁热吃吧！世事都是由心生的，所有东西都来源于知识。贫富贵贱，生熟软硬，你在心里把它看作一样不就行了吗？”

大臣看不惯禅师这些奇异的举动，也听不懂那些深奥的佛法，不敢回答，只好赶回朝廷，添油加醋地把懒瓒禅师的古怪和肮脏禀告皇上。德宗听后并不生气，反而赞叹道：“我们国内能有这样的禅师，真是我们大家的福气啊！”

懒瓒禅师是真正达到佛的境界的人，他的眼中没有富贵贫贱，没有生熟软硬，万物在他心里都是一样的，他的心是真正清净、没有分别的。就像六祖慧能的禅语：“菩提本无树，明镜亦非台。本来无一物，何处惹尘埃。”

一个人的大清净，不是寂静无声、死气沉沉，而是看透繁华后的欢喜。一心清净，即使是冰天雪地、万物沉眠，心里的莲花也能处处开放。

世间熙攘喧嚣，因此世人心生浮躁。在喧嚣处为自己留一份清静，不时从热闹的俗世中退回来，调和内心，就能在纷扰中安顿自己。

第三章

静心：在喧嚣中安顿身心

世事无常，不必挂怀

在300多年前的日本，有一位老禅师在圆寂之前应弟子所求留下遗偈，他只写了一个“梦”字，而后便含笑去世，他就是高僧泽庵宗彭。

高僧圆寂之时，一般都会根据自己一生的修行或者大悟之后的禅理为后人留下遗偈，一般以五言、四方为主，像泽庵禅师这样只留下一字为偈的实属罕见。他在入灭之际为后人揭示了人生如梦的真谛，他一生写了上百首有关“梦”的诗和歌，其中一首写道：

人世沧桑虽有情，来去匆匆皆为梦。红枫染尽群山麓，残阳西下闻秋岁。

生命就像是大梦一场，梦醒之后，即使头脑中还残留着梦中的些许痕迹，但是双手已经握不住一物。古人语“一指弹风花落去，浮生若梦了无痕”，人生本来如此，世人在不可掌控的时空变迁中忙碌奔波，直至死去。

永嘉大师在《证道歌》里也谈到过梦：“梦中明明有六趣，觉后空空无大千。”

觉后为空，而未觉之时，则感叹世事无常，被莫测的命运捉弄。一切事物生灭变化，迁留不住，没有永恒不变的东西，就像《佛说无常经》中所言：“大地及日月，时至皆归尽；未曾有一事，不被无常吞。”

佛陀在竹林精舍时，有一天接受居士的祈请，偕同弟子至城中开示说法。结束后，在出城返回精舍的途中，遇见一人赶着牛群回城。牛个个肥壮，一路上跳跃奔逐，彼此还不时以牛角互相抵触。佛陀见到此景，有感而发，说了一首偈子：

譬人操杖，行牧食牛，老死犹然，亦养命去，千百非一，族性男女，贮聚财产，无不衰丧，生者日夜，命自攻削，寿之消尽，如荧穿水。

回到竹林精舍，待佛陀洗足毕，就座后，阿难即稽首请示："世尊，您在回途中所说的偈语，弟子未能完全了解其中的义理，祈请世尊慈悲开示！"佛陀告诉阿难："回来的路上，你是否见到那位牧牛人赶着牛回城？"阿难回答："是的。"佛陀接着说："这群牛的主人是屠户之家，原本养了上千头牛，为了让牛健壮肥美，屠户雇人天天放这群牛到牧草丰美的地方吃草，逐日挑选最肥壮的牛，宰杀赚钱。就这样一天过一天，这群牛已经被宰杀超过了半数，然而，这群糊涂的牛儿浑然不知，依旧每天开心地吃草玩乐，或与同伴争斗。我因为感伤它们如此无知，所以才会说此偈语。"

接着，佛陀又对大众开示："不仅这群牛如此，世人也是一样，不知晓无常的道理，执着地认为有一个不变的'我'存在，每天只知贪图五欲之乐，更为了永不满足的欲求彼此伤害。当无常来临之际，又无能力超越。所以，世人又与这群牛有何差别呢！"

不仅这群牛不知道无常的道理，很多人从生到死也都像是在梦中一样，在其中忙忙碌碌、吵吵闹闹，煞有介事。而世间的一切，每时每刻都不断变化着，没有永恒的东西，例如人有生老病死，这些都是无常。

佛法说，人生存的过程本身就是一个苦的事实，而在这个苦里就有无常。无常生白发，无常催别离，无常导致求不得，无常将朋友变为冤家。捉摸不定，随时变化，这是无常，也是空。

无常就是没有永恒，同时又是永恒，表面看来这是一个悖论，事实上并不矛盾。佛法讲“无常”，指的是没有一样东西是永远不变的，只有“经常在变”这个原则永远不变，所以无常就是永恒。

诗仙李白曰：“夫天地者，万物之逆旅也；光阴者，百代之过客也。而浮生若梦，为欢几何。”天地是万事万物的旅舍，光阴是古往今来的过客，人生浮泛，如梦一般，能有几多欢乐？又何必过于痴迷？

苏轼也在《前赤壁赋》中感叹“哀吾生之须臾，羡长江之无穷”，在浩瀚的宇宙面前，生命不过是须臾一瞬，注定要受无常红尘的颠簸。从梦中醒来，心中便会开阔明澈再无挂碍，对生死、自我也将不再执着。

假如有一天世人能够认识并接受世事无常的事实，就能够明白自己心中的欲望皆是妄念，自己所执着的一切都不是永恒的存在，想到这些而放下执着，才能得到解脱。

不自扰，烦恼都在身外

生命短暂，快乐有尽而苦难无穷。在佛教的四圣谛中，苦谛是最关键的一谛，也是佛教人生观的理论基础。佛教认为人生有八苦：生、老、病、死、怨憎会、爱别离、求不得、五蕴盛。一个人从出生后发出第一声啼哭，到去世时留下最后一抹微笑，几十年都无法逃避人生的重重劫难。因此，人们寄希望于修行，希望在修行中得到解脱，而佛教的解脱之道就是灭苦之道。

解脱分为身体的解脱和心的解脱，也就是肉体的自由与心灵的自在，其中心的解脱比身体的解脱更为重要。现实生活中，常常有人抱怨学业不顺利、生活节奏太快、工作太累。这些人身在牢笼之外，却将自己的心困于牢笼之中；而有的人即使身陷囹圄，也能够保持一颗从容淡定的心，欣赏明媚春光，聆听虫鸣鸟语，享受柔和微风。

“天下本无事，庸人自扰之”，的确，大多数烦恼其实都是人们自找的。

道信第一次见到僧璨禅师时，施礼问道：“大师慈悲，请您指点我解脱的方法。”

僧璨禅师并未直接回答他的问题，而是反问：“谁把你绑起来了呢？”

道信不明僧璨禅师为何发此问，于是恭恭敬敬地回答：“没有谁捆绑弟子。”

僧璨禅师微微一笑，对道信说：“既然没有人把你绑起来，你又为何求我帮你解脱呢？不是多此一举吗？”

道信顿时开悟，后继承僧璨禅师的衣钵，成为禅宗的第四祖。

开悟之前的道信没有领悟到是自己的心束缚了自己，心不自在，即使肉体进退自如，依旧会挣扎于痛苦与困惑之中。

《金刚经》中说“应无所住而生其心”，“无所住”就是无所挂碍、不执着，让心自在，不让心停在任何事物上，事过心过，事来心生。做了好事马上要丢掉，同样，对于痛苦的事情，也要丢掉。如果不丢掉，就是心有所住，也就是心被困住了。

希迁禅师住在湖南，有一次他问一位新来参学的学僧：“你从什么地方来？”

学僧恭敬地回答：“从江西来。”

希迁禅师问：“那你见过马祖禅师吗？”

学僧回答：“见过。”

希迁禅师随意用手指着一堆木柴问道：“马祖禅师像一堆木柴吗？”

学僧无言以对。

在希迁禅师处无法契入，这位学僧在回到江西后拜访马祖禅师，讲述了他与希迁禅师的对话。马祖禅师听完后，安详一笑，问学僧道："你看那一堆木柴大约有多少重量？"

"我没仔细量过。"学僧回答。

马祖哈哈大笑："你的力量实在太大了。"

学僧很惊讶，问："为什么呢？"

马祖说："你从湖南那么远的地方，背了一堆柴来，还不够有力气？"

马祖禅师用诙谐的语言点出了学僧的心态：放不下他人的毁誉，一点小小的烦恼时时放在心上，不肯释怀。殊不知只要自己放得下，一切烦恼便都在身外，不会对自己产生丝毫影响。

"百年三万六千日，不在愁中即病中"，古人的诗句道出了人生苦恼的境地。其实世间本没有烦恼，是人心有了欲望，有了攀比心，才生出了"得不到"的烦扰和"比不上"的苦闷。一个人若能从容淡定，便会远离烦恼，体验另一种生命，另一番境界。

人只要活着，便会有无尽的烦恼，是纠结其中，还是超脱其外，全在于自己。不做庸人不自扰，不将烦恼放心头，风过耳处，才能享受云淡天高。

当提起时提起，当放下时放下

世上人，无论学佛还是不学佛都深知"放下"的重要性，可是真正能做到的人却不多。"放下"二字，诸多禅味，人生在世，想要做到提放自如，并非一件简单的事情。提起需要承担责任的勇气，放下也需要斩断妄念的魄力。提得起的人，是慈悲的人，是负责的人，是奉献的人；而能够放下的人，是有智慧的人，是自在的人，是解脱的人。

大多数人，总是提不起意志和毅力，放不下成败；提不起信心和善心，放不下贪心和嗔心。

一对学禅的师兄弟走在一条泥泞的道路上。走到一处浅滩时，他们看见一位美丽的少女在那里踟蹰不前。

“来吧！小姑娘，我背你过去。”大和尚说罢，把少女背了起来。

过了浅滩，他把小姑娘放下，然后和小和尚继续前行。

小和尚跟在大和尚后面，一路上心里不悦，默不做声。

晚上，回到寺院后，他忍不住了，对大和尚说：“我们出家人要守戒律，不能亲近女色，你今天为什么要背那个小姑娘过河呢？”

“呀！你说的是那个小姑娘呀！我早就把她放下了，怎么你到现在还挂在心上？”大和尚笑着答道。

大和尚背女子过河的举动是提起，是负责和奉献；背完之后立刻抛到脑后，是放下。既提起，也放下，这是大境界。小和尚则当提起时提不起，当放下时又迟迟不放，在提放之间走入歧途。

佛法言：悬崖撒手，自肯承担。“悬崖撒手”就是一种放的姿态，有所舍，才能有所得。唯有放下，才能真提起。放下，不仅要放下自己，还要放下周遭所有的一切。表面的不执着并非真正地放下，正如故事中的小和尚一样，看见别人有难，却为了佛门戒律而袖手旁观，以为是谨守佛门戒律，却不知自己的挂心才是真正的放不开。

只有从内心深处真正做到提放自如，才能达到放下荣辱，自在解脱的大境界。令人遗憾的是，很多人连自己拥有什么、缺少什么都分辨不清，又何谈提起与放下？

赵州禅师的禅风非常锐利，学者凡有所问，他的回答经常不从正面说明，要人从另一方面去体会。

有一次，一个信徒前来拜访他，因为没有准备供养他的礼品，就歉意地说："我空手而来！"

赵州禅师望着信徒说："既是空手而来，那就请放下吧！"

信徒不解他的意思，反问："禅师！我没有带礼品来，你要我放下什么呢？"

赵州禅师立即回答道："那么，你就带着回去好了。"

信徒更是不解，说道："我什么都没有，带什么回去呢？"

赵州禅师道："你就带那个什么都没有的东西回去好了。"

信徒不解赵州禅师的禅机，满腹狐疑，不禁自语："没有的东西怎么好带呢？"

赵州禅师这才指示说："你不缺少的东西，那就是你没有的东西；你没有的东西，那就是你不缺少的东西！"

信徒仍然不解，无可奈何地问："禅师！就请您明白告诉我吧！"

赵州禅师也无奈地说道："和你饶舌多言，可惜你没有佛性，但你并不缺佛性。你既不肯放下，也不肯提起，是没有佛性呢，还是不缺少佛性呢？"

我们缺少的东西，其实是实实在在拥有的东西，而我们却看不见自己的本真，无故寻愁觅恨，不满足，不知足，追求一些追求不到的东西。

我们无法清醒地认识到自己应该在乎什么，应该放下什么，所以才被心魔所困。我们要知道，放下了，才有可能真正抓住生命本身的乐趣。放下了，才有可能得以释怀。放下时不执着于放下，自在；拿起时不执着于拿起，也自在。世间万物，不必计较太多，跟着自己的心走，心里放下了，也就真的放下了。

不拘于外物，便是轻松

佛祖在一次法会上说："人生历世，多一物多一心，少一物少一念，不要为外物所拘，心安理得处，就可明心见性，参悟佛法。"

不拘于外物，是一种大智慧。现实生活中，我们每天都渴望获得自由，为此，就必须摆脱外力的影响，才能真正达到逍遥的境界。何为逍遥？在古人看来，如果人们能做到顺应天地万物的本性，把握六气的变化，而在无边无际的境界中遨游，他们就不必再仰赖外物，自然能逍遥遨游于天地之间。

要做到不依赖于外物，必须有大舍弃。倘若一个人，只顾在富贵功名里钻营，心被外物桎梏，就没有机会停下来思索自己的人生。人生在世，需要纯粹一点，才看得见广阔的风景。

只有舍弃心外之物，才能活得轻松。若盲目地执着于外物，就只会让自己活在束缚之中。

一位禅师讲经时，遇到一位居士。那位居士有很多金银珠宝存在银庄里，有一次，居士带禅师去银庄见识那些珠宝。

他们经过好几道手续，终于由银庄的伙计护送到了内堂。在内堂，居士打开箱子取出金银珠宝后，禅师问："这是你的？"

居士听了，心里很不舒服。他想，我只不过因为怕小偷，不敢拿回家，怕被人抢而不敢戴在手上罢了。虽说是存在银庄里，一个月才来看一次，可是，这些财产毫无疑问都属于我，禅师居然怀疑它不是我的？

禅师说："如果这都算是你的，那外面所有的珠宝铺都是我的。因为我可以到那里，随便叫人拿珠宝出来给我看一看，摸一摸，再让他们收起来。这些与你所做的事不是一模一样？你这些存进银庄的珠宝和那些珠宝铺的珠宝又有什么区别？这些珠宝，你既不敢戴着它，又不敢放在家里，怎么能算自己的？”

表面看来，居士拥有珠宝，实际上却是被珠宝所缚。

对于外物的追求和执着，是人生一切痛苦的根源。我们对生命有太多苛求，因而生活得精疲力竭，远离了幸福与快乐，生命也变得仓促，充满了忧虑和恐惧。其实，人生于世，赤条条而来，离开时也不过两手空空，在生命的过程中，一切拥有都是暂时的，都是身外物，没有什么真正属于自己。既然如此，何必执着于外物，被外物所役？超越外物，就是超越自我，无物就是无我。不拘于物，不以物喜，不以己悲，给生命一份从容，给自己一片坦然，心境就不会随外界的变化而变化。

不拘于外物的真正含义在于抛去一切多余的杂念，直指目标。把握住人生的大方向，其余一切都是无谓的执着。执着于外物而忽视自己的身心，无异于本末倒置，不如保持心境的安宁，舍弃繁华和喧嚣。

释怀是看不见的幸福

每个人在生活中都会经历诸多事情，好的、坏的，不一而足。如何对待自己经历过的每一件事，牢记于心，还是抛到脑后，是需要用心考虑的事。在佛家看来，执着于眼前的念想，而忘记生活的方向，是大糊涂。处世做人，应当时时警醒自己记住本心，记住人生的大方向、大目标，而忘记生活中小事的纠葛，才能做到佛家所说的释怀。

人生如海，潮起潮落，既有春风得意、高潮迭起的快乐，也有万念俱灰、惆怅漠然的凄苦。快乐时，不妨尽情享受快乐，珍惜眼前的一切；痛苦时，也不要怨天尤人。生于尘世，每个人都不可避免地要经历苦雨凄风，面对艰难困苦，想开了就是天堂，想不开就是地狱。

我们应当在“忘”与“记”之中做出正确的选择：忘掉不愉快，记住别人的好；忘却自己的不满之心，记住一些美好的东西，这样才能活得更自在、更轻松。

一位法师正要出门时，其房内突然闯进一位身材魁梧的大汉，狠狠地撞在法师身上，把他的眼镜撞碎了，还戳破了他的眼皮。那位撞人的大汉，毫无羞愧之色，理直气壮地说：“谁叫你戴眼镜的？”

法师笑了笑没有说话。

大汉颇觉惊讶地问：“喂！和尚，为什么不生气呀？”

法师借机开示说：“为什么要生呢？生气就能使眼镜复原吗？生气就能让身上不痛吗？倘若我生气，必然生事端，就会造成更多的业障及恶缘，也不能把事情化解。若是我早些或晚些开门，就能够避免事情的发生，说到底，其实我自己也有错。”

壮汉闻言非常感动，向大师拜了又拜，问了大师名号，便离开了。

后来有一天，大师收到壮汉的一封信，知道后者勤奋努力，找到一份很好的工作，因为能够以平和、宽容之心待人处世，所以得到了他人的尊重和家人的爱，生活非常幸福。

佛家讲究释怀，法师不执着于琐事，心不为烦恼所挂碍，这就是一种释怀。

释怀是一种看不见的幸福，不与别人斤斤计较，不但给了别人机会，也取得了别人的信任和尊敬，使我们能够与他人和睦相处。释怀也是一种财富，能够释怀，便拥有一颗善良、真诚的心。遗忘别人的不好，铭记别人的好，我们对别人释怀，即是对自己释怀。正如一位哲人所说：“人类尽管有这样那样的缺点，但我们仍然要原谅他们，因为他们就是我们。”

人之所以有痛苦和烦恼，是因为放不下执着心。放下不是放弃一切，而是放下让自己感到沉重的东西，放下不属于自己的东西。放下是对自己和他人的大度，是一种坦然的生活态度，也是一种生命的境界。

生活中的不如意不可避免，事过心过，不要被它绊住自己的脚步，让身心沉入无止境的痛苦之中。学会对生活中的磨难与痛苦释怀，学会忘记他人的不好，记住一切美好的事，使内心充满快乐和安宁，才能在人生的路上顺畅前行。

执着是茧，缚住自己也隔绝幸福

《菩提心论》里曾对“执着”作过这样的解释：执着是对自我的过分坚持。人总是趋向于保护自我、相信自我、供养自我、信赖自己，凭自己旧有的经验行事。

人常作茧自缚。世人为了能够突显自己，而用各种办法诋毁他人，甚至踩在别人头上往上爬，其实是在给自己编织蚕茧，慢慢使别人远离我们的世界，直到有一天别人再也进不来，自己永远也出不去的时候，就会被生活拒绝，成为幸福的绝缘体。

若执着在人生的愁绪和痛苦当中，就无法得到解脱。人生在世要学会轻安，自在，不刻意追求，不索取，不用任何执着心给自己设置障碍。能活得简单自然，本身就是一种幸福。世间之事大多有自己运行的规律，许多事由不得我们做主，越执着就越错，也就越不可解脱。

苏东坡和佛印禅师是好朋友，他们习惯拿对方开玩笑。有一天，苏东坡到金山寺和佛印禅师打坐参禅，苏东坡觉得身心通畅，于是问禅师道：“禅师，你看我坐的样子怎么样？”

“好庄严，像一尊佛！”

苏东坡听了非常高兴。

佛印禅师接着问苏东坡道：“学士，你看我坐的姿势怎么样？”

苏东坡从来不放过嘲弄禅师的机会，马上回答说："像一堆牛粪！"

佛印禅师听了也很高兴。

苏东坡以为赢了佛印禅师，于是逢人便说："我今天赢了！"

消息传到他妹妹苏小妹的耳中，妹妹就问："哥哥！你究竟是怎么赢了禅师的？"苏东坡神采飞扬地叙述了一遍他与佛印的对话。

苏小妹听了苏东坡得意的叙述之后，说："哥哥，你输了！禅师心中如佛，所以他看你如佛；而你心中像牛粪，所以你看禅师像牛粪！"

苏东坡哑然，方知自己禅功不及佛印禅师。

苏东坡禅功不及佛印禅师正表现在，他心中还有一个执着于我的羞耻心，说自己是佛就高兴，说别人是牛粪就沾沾自喜，如果别人说自己是牛粪，就会心中冒火，这正是一个人执着于自我的表现。

究其根源，都是为了一个"我"，最放不下的也是这个"我"。于是所有人都拼尽一生，去赚取这个"我"所需要的物质享受和精神享受，最终衍生出无穷无尽的痛苦。如果一个人能够放下执着，那么他的心境就会柔和清净，万事万物在他的眼里都是愉悦的、美好的。

呱呱坠地的婴儿，生下来都是两手紧握，两只小小的拳头仿佛要抓住些什么；垂死的老人，临终前都是两手摊开，撒手而去。上天弄人，当人们双手空空来到人世的时候，偏让他紧攥着手；当双手满满离开人世的时候，偏让他把手摊开。无论穷汉还是富翁，无论高官或是百姓，都无法带走任何东西。既然如此，又何必执着于一事、一物？想要跨越生命中的障碍，实现某种突破，就必须放下执着。

破除“我执”，生活楚楚动人

佛家有一个概念叫“我执”，就是人性对自我的盲目执着，就是人的私心和私欲，“我执”是净心的最大障碍之一。作为人性的根本缺陷，“我执”深深潜藏于知见、情绪、实践等各个方面。

无法破除“我执”的人，总是感到凡是“我”想的理所当然是对的，凡是“我”要的理所当然要得到，“我”理所当然高于一切、优于一切，这样就不可避免地产生偏执、痛苦、贪婪、怨恨、征服欲。人心成了炼狱，人间成了地狱，佛所说的各种痛苦和罪恶就都出现了。

实际上，“我”并非优于一切、高于一切。众生平等，不能以平等之心对待别人，别人也不会以平等之心对待我们。以恶对恶，以自私对自私，自私与恶的恶性循环一旦开始，就无法终结，最终使人难逃苦海。只有破除“我执”，建立正确的自我观和世界观，才能摆脱这种状况。

世间一切烦恼，皆由“我”而起，因“我”生执，因执而生苦，为“我”所困，内心便无法安宁。

有一位小尼姑去见师父，悲哀地对师父说：“师父，我已经看破红尘，遁入空门多年，每天在这青山白云之间，茹素礼佛，晨钟暮鼓，经读得愈多，心中的执念不但不减，反而增加，怎么办啊？”

师父对她说：“点一盏灯，使它既能照亮你，又不会留下你的身影，就可以体悟了！”

几十年之后，有一尼姑庵远近驰名，大家都称之为万灯庵。因为庵中点着成千上万的灯，人们走入其间，仿佛步入一片灯海，灿烂辉煌。

这所万灯庵的住持就是当年的那位小尼姑，自从与师父交谈之后，她每做一桩功德，都点一盏灯，可无论把灯放在脚边，悬在顶上，乃至以一片灯海将自己团团围住，还是会见到自己的影子。灯愈亮，影子愈明显；灯愈多，影子也愈多。她心中的困惑愈来愈深。

圆寂前,她终于在没有一盏灯的禅房里体悟到禅理的机要。

她没有在万灯之间找到一生寻求的东西，却在黑暗的禅房里悟道。她发觉身外的成就再高，也无法在内心寻找到安宁，如同身旁的灯再多再亮，却只能造成身后的影子。唯有一个方法，能使自己皎然澄澈、心无挂碍，那就是，点亮一盏心灯。点亮心灯，才能由自身散发出光明，唯有心灯发出的光，才不会映出自己的影子。

我们经常习惯说：我的钱、我的面子、我的家、我的名誉、我的身体，“我的”让人们处处计较，耿耿于怀。世间事常常因求不得而生烦恼，进而生痛苦、生贪婪。过于执着于自我，就常常被外物牵着鼻子走。一旦破除“我执”，则一切烦恼痛苦事即时消失，禅定境界立现于眼前。若能够体验到“无我”的境界，无论忧愁还是喜悦，一切自然会随风消散。

超然忘我,放下得失之心,不执着于自己的得与失、喜与悲,便不会陷入欲求的痛苦之中。淡泊明志，宁静致远，拥有一颗宁静的心，才能从容地面对自己的生活。生活的美与丑，全在自己怎么看，如果将心中的丑陋和阴暗面彻底抛弃，选择积极的心态,懂得用心去体会生活,就会发现,生活处处都美丽动人。

第四章
净心：越是简单，越是真正的富足

真正值得追求的是内在的充实

真正值得人们追求的，是灵魂的充实与心灵的自由。

人生本如梦，一切事情过去就过去了，如江水东流一去不回头。一切皆是无常，繁华过尽是虚无。如果人们能体会到事过无痕的境界，就不会滋生这样那样的烦恼，也就不会陷入越执着越得不到的怪圈中不能自拔。

生活中的纸醉金迷只是一具华丽的空壳，在珠光宝气的背后通常是人性的沉沦。沉迷于荣华富贵的人多是肤浅的人，在繁华落尽时他们会备受煎熬。倘若一味执着于对物质的追求，执着于世俗的欲求，最终必然要承受空虚的煎熬。因为人们站在生命的终点回过头来才发现，自己所执着的事物其实并没有多大意义，浮生一梦，终是一无所得。

内心清净无物，自在自足，见到任何繁华，不去蝇营狗苟，遇到任何逆境，舍得放下，这样才可远离烦恼，享受生活。世间一切繁华的真相其实是无常，有生必有灭，有聚必有散，有合必有离，有繁荣必然有颓废，一切皆如梦幻泡影。我们何必过于在意呢？坦然接受，放松心情，就会发现在这繁华喧嚣的无常世界中，自己享有了一片安静的“心空”。

世界上的种种繁华虚荣，并不能使你得到真正的快乐和幸福，因为感官的刺激只能存在片刻，无法永恒，运用耳、鼻、舌、身、意求来的感官快乐往往是暂时的，好比看一场电影或一场音乐会，曲终人散，一切终会结束。

宋代汾阳有位善昭禅师，得佛法奥义，修行真挚涅，他曾自我揶揄："我不过是一个混日子的粥饭僧。传佛心宗，并非我的职责。"当时许多僧众、官员前后八请，求他出来讲法开示，他都坚卧草庵，不肯出山。

那时得道僧皆喜游历，四处看繁华世态，寻觅优雅风景，但善昭禅师很少出行，时人批评他缺少禅者的潇洒与韵味。善昭禅师却严肃地说："自古以来，祖师大德行脚云游，是因为圣心未通，道业未成，所以驱驰丛林，以求抉择，而不是为了游览山水，观风望景。"

在善昭禅师看来，风景再繁华，不过是风景，大德的禅师之所以游历，是为了感悟天地之道，而不是因美景之美才四处游玩。

善昭禅师不慕繁华之心，如泥中青莲，令人敬佩。一个人无论处于什么地位，过哪种生活，只要他内心清净、圆满、充实，就可以过得幸福。

禅宗中有一句格言，"万物唯心造"。也就是说，心外无一物。心外的世界不过是人心折射出的世界，每个人看见的风景无不是虚幻，过眼即逝。人心如果执着于世间万物，就会有千种折磨，万般烦恼；人心如果随缘任运，人就会处处自由，时时潇洒。

人世中的一切事、一切物都在不断变幻，没有一刻停留。万物有生有灭，不会为任何人、任何事停滞不前。所谓繁华，大半是停留在生活的表面后，觥筹交错、衣帽光鲜、熙熙攘攘的背后透出的往往是一丝丝的苍凉。很多人却总是被表面现象所迷惑，好比孩子贪恋糖衣药片上那薄薄的一层糖。

人应该珍惜现在，减少忧虑。别去想着"未来一定发财""将来一定富贵”，谁知道将来能如何。现在过得好，活出了真我，就已经很快乐，何必强迫自己把未来建设得辉煌无比呢？

认真享受沿路的风景，这才是我们活着的证明。真正值得人们追求的，是灵魂的充实与心灵的自由。“不恋繁华性自真”，如果我们能放下世间繁华，专注于追求内在的充实与富足，就能在现实的污浊里保持简单和清净。

简单的真谛：驱除多余的执念与欲望

看起来复杂的问题也许很简单，只要学会驱除多余的执念和欲望，就能发现事情最简单的本质。

唐朝龙潭崇信禅师，跟随道悟禅师出家，数年之中，打柴炊爨，挑水作羹，不曾得到道悟禅师一句半语的法要。

一天，他向道悟禅师说：“师父！弟子自从跟您出家以来，已经多年了，可是一次也不曾得到您的开示，请师父慈悲，传授弟子修道的法要吧！”

道悟禅师听后立刻回答道：“你刚才讲的话，好冤枉师父啊！你想想看，自从你跟随我出家以来，我未有一日不传授你修道的法要。”

“弟子愚笨，不知您传授给我什么？”崇信讶异地问。

然而道悟禅师并没有理会他的诧异，只是淡淡地问：“吃过早粥了吗？”

崇信说：“吃过了。”

道悟禅师又问：“钵盂洗干净了吗？”

崇信说：“洗干净了。”

道悟禅师于是说：“去扫地吧。”

崇信疑惑地问：“除了洗碗扫地，师父没有别的禅法教给我了吗？”

道悟禅师厉声说："我不知道除了洗碗扫地之外，还有什么禅法！"

崇信禅师听了，顿然开悟。

禅就是生活。生活中无处不蕴藏无限的禅机。吃了粥去洗钵盂，是很平常也很自然的事。然而，这些简单的生活之事正无限接近修禅之道。

其实，快乐也是如此简单，有人这样说过，"简单不一定最美，但最美的一定简单"。简单往往带来快乐，最美的幸福生活也应当是最简单的生活。

在五光十色的现代世界中，物质的极度膨胀和社会的复杂令人应接不暇，生活中各种各样的问题层出不穷，处理起来也使人手忙脚乱。实际上，看起来复杂的问题也许很简单，只要学会驱除多余的执念和欲望，就能发现事情最简单的本质。

住在田边的蚂蚱对住在路边的蚂蚱说："你这里太危险，搬来跟我住吧！"路边的蚂蚱说："我已经习惯了，懒得搬了。"几天后，田边的蚂蚱去探望路边的蚂蚱，却发现对方已被车子压死了。原来掌握命运的方法很简单，远离懒惰就可以。

一只小鸡破壳而出的时候，刚好有只乌龟经过，从此以后，小鸡就打算背着蛋壳过一生。它因此受了很多苦，直到有一天，它遇到了一只大公鸡。原来摆脱沉重的负荷很简单，寻求名师指点就可以。

一个孩子对母亲说："妈妈你今天好漂亮。"母亲问："为什么？"孩子说："因为妈妈今天一天都没有生气。"原来漂亮很简单，只要不生气就可以。

一位农夫叫他的孩子每天在田地里辛勤劳作，朋友对他说："你不需要让孩子如此辛苦，农作物一样会长得很好的。"农夫回答说："我不是在培植农作物，而是在培养我的孩子。"原来培养孩子很简单，让他吃点儿苦就可以。

有一家商店经常灯火通明，有人问："你们店里到底是用什么牌子的灯管？那么耐用。"店家回答说："我们的灯管也常常坏，只是我们坏了就立即换而已。"原来保持明亮的方法很简单，只要常常换掉坏的灯管就可以。

有一支淘金队伍在沙漠中行走，大家都步伐沉重，痛苦不堪，只有一人快乐地走着，别人问："你为何如此惬意？"他笑着说："因为我带的东西最少。"原来快乐很简单，只要放弃多余的包袱就可以。

生活看似烦琐，其实很简单，懂得化繁为简的艺术，看透复杂问题的本质，看透一切烦琐和烦恼的根源，就能轻松简单地处理生活中的一切。

退回拥有之前的心态

心中空无一物，生活自然能回归简单。

宋代词人辛弃疾曾如是说："物无美恶，过则为灾。"就是说，东西没有好坏，但人占有的太多，利欲心就会作怪，让人舍不得放弃。生活也是如此，有的时候，人之所以痛苦烦恼，不是由于得到太少，而是因为拥有太多。拥有太多，人们往往就会感到沉重、拥挤、膨胀、烦恼、害怕失去。

拥有本是一种简单原始的快乐，然而拥有太多，则会失去最初的欢喜，变得越来越不如意。唯有舍得放弃，才能从"占有太多"和"得不到"的痛苦中解脱。换一种方式看待自己的拥有，才能退回拥有之前的心态，重新从拥有中获得满足。

有一位贫穷的人向禅师哭诉："禅师，我生活得并不如意，房子太小、孩子太多、太太性格暴躁。您说我应该怎么办？"

禅师想了想，问他："你们家有牛吗？"

"有。"穷人点了点头。

“那你就把牛赶进屋子里饲养吧。”

一个星期后，穷人又来找禅师诉说自己的不幸。

禅师问他：“你们家有羊吗？”

穷人说：“有。”

“那你就把它放到屋子里饲养吧。”

过了几天，穷人又来诉苦。禅师问他：“你们家有鸡吗？”

“有啊，并且有很多只呢。”穷人骄傲地说。

“那你就把它们都带进屋子吧。”

自此，穷人的屋子里便有了几个孩子的哭声、太太的呵斥声、一头牛、两只羊、十多只鸡。三天后，穷人受不了了！他再度找到禅师，请他帮忙。

“把牛、羊、鸡全都赶到外面去吧！”禅师说。

第二天，穷人来见禅师，兴奋地说：“太好了，我家变得又宽又大，还很安静呢！”

穷人的烦恼，不是源自房子太小，也不是因为孩子太多，更不是因为太太的性格暴躁，而是因为他不满足于自己所拥有的。

人若能在宁静的心态下生活，便会有精力欣赏世界可爱的一面，体会世间的人情道义和善良，因而才有机会享受真正属于自己的生活。

人生的道理，一言以蔽之，就是得失的道理，任何一件事都有得有失，得就是失，失就是得，而最高的境界，应该是无得无失。但是人们经常处于未得患得、既得患失的状态。明智的做法不是想着怎么抓住，而是学会如何放手。

有多少东西即便占有了，也未必真的属于我们，还可能因为占有而让自己失去太多。很多时候，我们舍不得放弃一个有之无益、弃之可惜的工作，舍不得放弃已经逝去很远的往事，舍不得放弃对权力和金钱的角逐。于是，我们只能用生命作为代价，透支着健康与年华。

但谁能算得出，在得到一些自认为珍贵的东西时，有多少和生命休戚相关的美丽像沙子一样悄悄从指间溜走？每个人掌中所握的沙子数量都是有限的，一旦失去，便再也找不回来。

人不可能什么都得到，所以应该学会不占有、常放手。要在内心清空自己的欲望，心中空无一物，生活自然能回归简单。什么都没有，也就什么都不会失去。不执着于占有，才可能在没有负担的状态下尽享生活的美好。

熄灭欲望之火

驱除各种各样的妄想，摆脱名、利、欲等的束缚，才能消除心中的忧虑，才能不颠倒，在无事中得大自在。

傅大士曾经写过一首颠倒的偈子：“空手把锄头，步行骑水牛，人从桥上过，桥流水不流。”在佛眼里，人世间的一切都是颠倒的。

世界上最有价值的东西是什么？黄金？珠宝？美玉？这些东西在世人眼里都很值钱，但是值钱就能够说它们很有价值吗？显然不是。一般来说，我们认为最值钱的东西往往也是最没有价值的，最有价值的东西并没有价格。就像智慧是绝对无价的，这就是佛常说的颠倒。

佛说，一切众生从无始来，种种颠倒。有人开玩笑说：人本来就是颠倒的，两只眼睛都长在前面，后面什么都看不见，所以走路可能会被车子撞倒，假如眼睛一只长在前面，一只长在后面，也许就不会有那么多车祸了。口袋里的钞票脏得很，又不能当饭吃，人们却数了又数，然后还要放在保险箱里妥善保管。人不吃就会坏的米，却摆在那里没有人理。所以佛说众生是颠倒的。

人们总把无常当成常，把终究会消亡的东西当成依靠，把真正的苦当成乐，又把真正的乐当成苦，贪恋执着于不可靠的身外之物，却舍弃心灵的满足与安宁。

许多人生活得空虚、不快乐，是因为他们求得太多，求而不得，求得了又不满足。被欲求紧紧缠身，不得片刻安宁，又怎么能够活得简单自在呢?

明代大诗僧苍雪大师有首诗：“南台静坐一炉香，终日凝然万虑亡，不是息心除妄想，只缘无事可思量。”只有驱除各种各样的妄想，摆脱名、利、欲等的束缚，才能消除心中的忧虑，才能不颠倒，在无事中得大自在。

南宋末年有一位著名的道元禅师，他年轻的时候希望能够求取正法，所以独自远行，历经艰辛到西方求经。十年后道元禅师回到国内，人们关切地问他在外十年是否求得了真经。道元禅师开心地说:“我知道了眼睛是横着长的，鼻子是竖着长的，所以我就空着手回来了。”

众人听了都捧腹大笑，而笑过之后却陷入了深深的沉思。

眼横鼻直是一种再平常不过的客观存在，然而心中充满妄念的人却无法看透平常的真义，道元禅师心中已然觉悟，所以能够在历经万难之后，两手空空而透彻真谛，达到了寻常中领悟生命的高妙境界。

纷纷扰扰的世间，总有无尽的诱惑，如果一味地追求浮华，沉迷于花花世界之中，心中所求太多，只能使自己疲惫不堪，寝食难安。

茫茫人生，生不满百，再好的东西都是生不带来，死不带去，何不熄灭心中的各种欲望之火，让心灵在无物无我之中，看透世间诸多颠倒呢？执着是颠倒，放弃才是自在。身在红尘中，心却在红尘外，正如身居闹市，心却在清静山野，过好眼下的日子，不多求，让心灵畅游青山绿水，沐浴徐徐清风，人生何等惬意。

富足的境界

穷困而不潦倒，入世而不沉迷，无声色之欲，无功名之累，这就是富足的境界。

《道德经》中说："有物混成，先天地生。寂兮！寥兮！独立而不改，周行而不殆，可以为天地母，吾不知其名，字之曰道。"意思是，有一个东西浑然天成，在天地形成以前就已经存在。听不到它的声音，也看不见它的形体，寂静而广大，不依靠任何外力而独立长存，永不停息，循环运行而永不衰竭，可以作为万物的根本。我不知道它的名字，所以勉强把它叫作"道"。

南北朝时有一位禅宗大师的悟道偈也表达了类似的思想："有物先天地，无形本寂寥，能为万象主，不逐四时凋。"

对于形而上的表达，佛学归于"空"，一切皆空。"寂"和"寥"也是对空的一种认识。寂是绝对的清虚，清静到极点，毫无一点声色形象；"寥"是形容广大，无穷无尽。

生命原本就是一段清虚寂寥的旅程，身外的种种，过眼即逝。如果执意追求，被外在的牵绊束缚住，人心就会为欲望鼓动，无法平息，也无法从生活的琐碎中解脱出来，得到心灵的安宁。欲望是一串锁链，一环套一环，满足了一环，下一环常会随之而来。

有一位禁欲苦行的修道者，准备离开他所住的村庄，到无人居住的山中隐居修行。他只带了一块布当作衣服，就一个人到山中搭了一间茅草屋，独自居住。

后来，他发现茅屋里有一只老鼠，常常会在他专心打坐的时候来咬他那块布，他早就发誓一生遵守不杀生的戒律，因此不愿伤害那只老鼠。可他实在不堪老鼠骚扰之苦，于是回到村庄，向村民们要了一只猫。

得到猫之后，他又想："我并不想让猫去吃老鼠，但总不能让它跟我一样只吃一些野菜吧！"于是他又向村民要了一只奶牛，这样那只猫就可以靠牛奶为生。

在山中居住一段时间以后，他发现自己每天都要花很多时间来照顾那只奶牛，于是又回到村中，找了一个流浪汉做他的仆人，帮他照料奶牛。他还帮这位仆人搭了一间茅屋。仆人在山中居住了一段时间之后，跟修道者抱怨："我跟你不一样，我需要一个太太，我要过正常的家庭生活。"

修道者想想也有道理，他不能强迫别人跟他一样，过着禁欲苦行的生活，于是一年以后，山上成了一个热闹的村庄。

人总是活在不断增加的心绪和欲望中，或许原本是想过简单朴素的生活，谁知，事情的演变和发展却不由自己的本意决定，而是随着人心的欲求而发展，最终失去控制。

《金刚经》中说："应无所住而生其心。""无所住"就是无所挂碍，不执着，让心自在，不让心停在任何事物上，这和人生要达到寂寥的境界是一样的。寂寥的生命中应寻求富足，而富足正是来自心灵的空寂不染。不被一些外在的东西所束缚，清心寡欲，恬淡自然，穷困而不潦倒，入世而不沉迷，无声色之欲，无功名之累，这就是富足的境界。

心不为外物所拘

内在不够丰沛，才需要外在的繁华来彰显。只要内心圆满，就能达到心无所住的境界。

法融禅师在金陵牛头山修行，山中经常出现百鸟衔花的奇景，还有很多野兽在他身边安栖。四祖道信禅师深感好奇，于是亲自前去拜访。

道信禅师看到法融禅师在那里端坐不动，于是问道："你在做什么？"

法融禅师说："观心。"

"观心的是何人？心又是何物？"

法融禅师心中一惊，知是遇到了高人，问道："大德在何处修持？"

道信禅师说："我无所住。"

法融禅师问道："你可知道道信禅师？"

"你为何问到他？"

"我仰慕他很久了，希望与他共同探讨佛理。"

道信禅师说："我就是！"

法融禅师说："您因何屈尊来到我这里呢？"

"我只是来拜访你，你可有地方让我歇脚呢？"

"当然有。"

于是法融禅师将道信禅师引到住所，在住所内见到虎狼。

法融禅师说："原来虎狼还在这里。"

道信禅师突然反问："你不是说你在观心吗？"他的意思就是说，法融之前在观心，此刻观的却是虎狼，很显然修行不够。

法融禅师无言以对，道信禅师于是写了一个"佛"字送给他，法融禅师看了这"佛"字，感到宝相庄严，心中戚戚然，请求道信禅师说法。

道信禅师说："百千法门同归方寸，河沙妙德总在心源。"

法融禅师瞬间开悟。

从此以后，山中再无百鸟衔花的奇景出现了。

"百千法门同归方寸，河沙妙德总在心源"，意思是说，要开悟，既不能沉迷于物象的表面，期待鸟兽朝拜这些情景，也不能执着于“佛”这个字。百千佛法都在人的心中，从心出发，才能开悟。

后来人们观此公案，解释说，修行禅法时，没有百鸟衔花要比百鸟衔花的境界高出一层。这是因为，内在不够丰沛，才需要外在的繁华来彰显。如果内心圆满，就能达到心无所住的境界。

心无所住，意味着自在，不为外物所拘。心自在，便不需要外物的依托，而能自足、自得圆满。

唐宪宗时期，从印度来了一位大耳三藏法师。大耳三藏道行高深，具有他心通。宪宗于是派遣南阳慧忠国师去试验他的神通，慧忠国师见了大耳三藏，开门见山地说：

“听说你有他心通，能洞悉他人心中的动态去向，那么你倒说说老僧此刻的心在哪里？”

大耳三藏看了国师一眼，不假思索地说：

“哟！你是堂堂一国的国师，怎么跑到西川去看龙舟竞渡呢？”

“那么此时我的心又到了哪里？”

“和尚怎么又跑到天津桥上看人弄猴狲呢？”

“你再瞧瞧我的心现在究竟在何处呢？”

大耳三藏再度进入禅定之中来观看国师的心，但是任他如何观照，都无法知道国师的去处。慧忠国师于是呵斥道：“你这种他心通不能透过外物从根本去认识我们的心，充其量只不过是野狐禅的伎俩罢了！”

修行之人，心有所住，也就很容易被俗世牵绊，自然容易被人看穿，落了下乘。而得道之人，如慧忠国师，因为心无所住，不拘泥任何事物的圈定，自然能得禅悟大成。

世人因为心中无法保持淡泊的境界，因而难以把握“身在俗世，心却出离”的境界，所以满心纷乱，又生惭愧。其实，世界再繁华，不过为了满足生活需求，就像月亮再美，也是冰凉的，无法化作拯救世人的慈悲。因而，与其为了追求物质而摸爬滚打，还不如从外物的牵绊中挣脱出来，以闲看清风白云的心境快乐生活。

对于外物的追求和执着，是人生痛苦的根源。我们常常对生活太过苛求，因而活得疲惫不堪，远离了幸福与快乐，生命也变得仓促，充满忧虑和恐惧。

其实，人生于世，赤条条而来，离开时也不过两手空空。在生命的过程中，一切拥有都是暂时的，一切物都是身外物，没有什么真正属于自己的东西。既然如此，就不应该执着于外物，也不应该被外物所役。超越外物，就是超越自我，无物就是无我。不拘于物，给生命一份从容，给自己一片坦然，心境才不会随外界的变化而变化。

一个人如果不懂得舍弃，就会执着于外物，就会在做事的时候分心，在达到目标的路上绕弯子。不舍得放弃也就是拒绝简单的生活，这样只会令人不堪重负，心力交瘁。

初心何在：没有主观，没有成见

那些能够保持自己自然天性的人往往会拥有别人想象不到的幸福。

一休禅师有一个叫珠光的弟子，他有打盹的习惯，因此经常在公共场合中失态。为了解决这个问题，珠光听从了医生的意见开始喝茶。这样做果然有效，而珠光也因此渐渐喜欢上了喝茶。在他看来，喝茶应当有一定的礼节，在这样的思想指导下，珠光创立了“茶道”，并享有“茶祖”之誉。

有一天，一休禅师问珠光：“你喝茶时用的是什么心态呢？”

珠光答道："我是为健康而喝茶。"

一休禅师便对他说："赵州禅师对向他请示佛法大意的学僧说'吃茶去'，这件事情你怎么看？"

珠光默然不语。

接着，一休禅师让人送来一碗茶。正当珠光将茶捧在手上时，一休禅师将珠光手上的茶碗打落，而珠光一动也不动。不一会儿，珠光向一休禅师道谢，起座离开。

一休禅师叫道："珠光！"

珠光回头道："弟子在！"

一休禅师问道："茶碗已打落在地，你还有茶喝吗？"

珠光两手做捧碗状，说："弟子仍在喝茶！"

一休禅师不肯罢休，追问道："你已经准备离开此地，怎可说还在吃茶？"

珠光诚恳地说道："弟子到那边吃茶！"

一休禅师再问道："我刚才问你喝茶的心得，你只懂得这边喝那边喝，可是全无心得，这种无心喝茶，将是如何？"

珠光沉静地答道："无心之茶，柳绿花红。"

于是，一休禅师大喜，便授予印可，珠光完成了新的茶道。

"赵州茶"是有名的禅宗公案，而珠光在这里喝的无心之茶也禅味深刻。所谓"无心之茶"是清凉之茶、平和之茶，用珠光的话说，无心之茶因为不执着于物，因此能包罗万象。

禅宗大师告诉世人，住即不住，不住即住。无所住，即是住。人的修养到这个境界，就是所谓如来，心如明镜，此心打扫得干干净净，没有主观，没有成见。事情一来，镜子就反映出来；事情一过，今天的喜怒哀乐，过去了便不再停留于心。

佛家认为，要学佛的人，就要离一切相，"应生无所住心"，要随时观察自己，观心，要使此心无所住。如果心心念念在某一种东西上，或某一种习气上，始终不能解脱，已经是走入魔道了。因此，一个修佛的人，必须学会不执着，不将自己的心执着于任何观念和习气上。

修佛如此，做人也一样，把一切放开，心如明镜，物来则应，物去则灭，这才是修禅的正路。

有一天，怀海禅师陪马祖散步，听到野鸭的叫声，马祖问："这是什么声音？"

"野鸭的叫声。"

过了好久，马祖又问："刚才的声音哪里去了？"

怀海答："飞过去了。"

马祖回过头来，用力拧着怀海的鼻子，怀海痛得大叫起来。

马祖道："再说飞过去！"

怀海一听，立即醒悟，却回到侍者宿舍里痛哭起来。

同舍问："你想父母了吗？"

怀海答："不是。"

又问："被人家骂了吗？"

"也不是。"

"那你哭什么？"

怀海说："我的鼻子被马祖大师拧痛了，痛得不行。"

同舍问："有什么机缘不契合吗？"

怀海说："你问和尚去吧。"

同舍于是去问马祖大师："怀海侍者有什么机缘不契合？他在宿舍里哭，请和尚对我说说。"

大师说："他已经悟了，你自己去问他。"

同舍回到宿舍后，说："和尚说你悟了，叫我来问你。"

怀海哈哈大笑。

同舍问："刚才哭，现在为什么笑？"

怀海说："刚才哭，现在笑。"

同舍更加迷惑不解。

怀海在马祖的引导下，忏悔反省之后开悟，喜极而泣，泣极而喜。

物来则应，过去不留；刚才哭，现在笑；一切看似有，一切又看似无，这种似有实无、色即是空的境界，玄妙而不可言说。

世间之法都是如此，既顺其自然，又存在悖谬。比如快乐不是大笑不止，恰恰相反，快乐到极点的时候是热泪盈眶。当人性自然的清净面即所谓本性、本来面目呈现的时候，会有无比的欢喜，但是找不到欢喜的痕迹，反而会很自然地哭起来。这种哭泣并非伤心，而是自然的天性的流露。

在这个时刻，人脱去了身上的伪装和雕饰，以一颗最简单的初心面对世界，面对自我。人在世俗社会中熏染得越久，就会越来越世故，这种天性流露的片刻也会变得越来越稀少，心灵的泉水也会接近干涸。因此，那些能够保持自己自然天性的人往往会拥有别人想象不到的幸福。

情、财、名，没什么不能放

再喜欢的东西，也不要用朋友之情谊或亲人之爱去换；再珍惜的宝物，都要适时放手；再痴迷，也要有节制。

我们生活在这个世界中，最难做到的是放下，自己喜爱的固然放不下，自己不喜爱的也放不下。因此，爱憎之念常常占着我们的心房，哪里还有快乐存在的地方？

情能否放得下？人世间最说不清道不明的就是一个“情”字。陷入感情纠葛的人，往往会失去理智。若能在情方面放得下，可称得上是理智的“放”。

财能否放得下？李白在《将进酒》诗中说：“天生我材必有用，千金散尽还复来。”如能在财这方面放得下，那可称得上是非常潇洒的“放”。

名能否放得下？高智商的人，有心理障碍的概率相对较高。原因在于他们一般都喜欢争强好胜，对名看得较重，有的甚至爱名如命，累得死去活来。倘若能对名放得下，就可称得上是超脱的“放”。

忧愁能否放得下？现实生活中令人忧愁的事实在太多了，就像宋朝女词人李清照所说的：“才下眉头，却上心头。”如果能对忧愁放得下，那就可称得上是幸福的“放”。

懂得放下的人是智慧的，理智的“放”、潇洒的“放”、超脱的“放”、幸福的“放”，无论哪一种，都会让人获得自在。很多人总是抱怨自己很累，身体累，心也累，那是因为他们执着和痴迷的东西太多，放下哪个都舍不得，而背负得多，自然就会身心疲累。

明云禅师曾在终南山中修行达三十年之久，他平静淡泊，兴趣高雅，不但喜欢参禅悟道，而且喜爱花草树木，尤其喜爱兰花。寺中前庭后院栽满了各种各样的兰花，这些兰花来自四面八方，全是老禅师年复一年积聚所得。他茶余饭后、讲经说法之余，都忘不了去看一看他那些心爱的兰花。大家都说，兰花就是明云禅师的命根子。

这天明云禅师有事要下山去，临行前当然忘不了嘱托弟子照看他的兰花。弟子也乐得其事，上午一盆一盆地认认真真浇水，等到最后轮到那盆兰花中的珍品——君子兰了，弟子更加小心翼翼了，这可是师父的最爱啊！他也许浇了一上午有些累了，越是小心翼翼，手就越不听使唤，水壶滑下来砸在了花盆上，连花盆架也砸倒了，整盆兰花都摔在了地上。这回可把弟子给吓坏了，愣在那里不知该怎么办才好，心想：师父回来看到这番景象，肯定会大发雷霆！他越想越害怕。

下午明云禅师回来了，知道这件事后非但一点儿不生气，反而平心静气地安慰弟子道：“我之所以栽种兰花，为的是修身养性，并且也为了美化寺院环境，并不是为了生气才种的啊！世间之事一切都是无常的，不要执着于心爱的事物而难以割舍，那不是修禅者的禀性！”

弟子听了明云禅师的一番话才放下心来，对师父的言行敬佩不已，从此更加认真修行。

拥有时爱惜，失去时便洒脱放手。对心爱之物不执着，即使心有不舍，也绝不为此生怒生恨。明云禅师的修养可谓非常深厚。

人一生难免有痴迷之物或痴迷之事，痴迷本身没错，然而，倘若为了一已之私的迷恋妨害他人，或者因此失去生命中更宝贵的东西，那就得不偿失了。再喜欢的东西，也不要用朋友之情谊或亲人之爱去换；再珍惜的宝物，都要适时放手；再痴迷，也要有节制。否则，我们只会被这种喜爱之情缚住心灵，最终在失去珍爱之物的同时也失去身边的一切。放下痴迷，我们才不会因得失而忽喜忽悲，才能得到自在的快乐。

修性

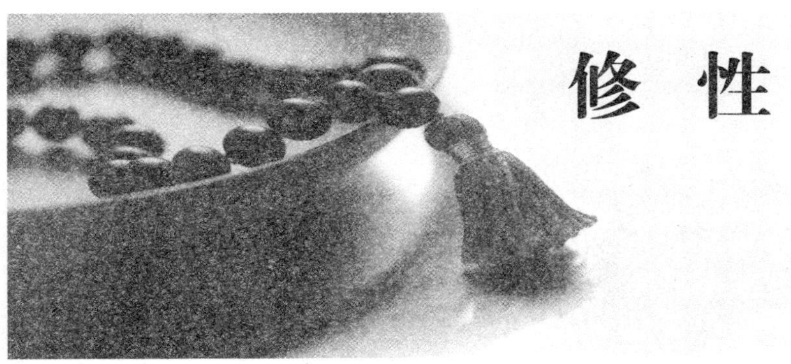

第一章
随性：回归本性，做真正的自己

人生随时要保持单纯的本性

《大宝积经》里有一句话："一切诸法本性皆空，一切诸法自性无性。若空无性，彼则一相，所谓无相。"《金刚经》也说："若见诸相非相，即见如来。"所谓相，是指因缘和合所生之法。

我们看自己往往都有一个我相，看别人有一个人相、众生相，看万物也都有其相。事实上，这些相都不过是表相而已，只是暂时存在，随时都可能变化或消失。

佛教中有一个无相门，进入此门者，便没有相貌美丑、地位差异之分，佛祖面前，众生一律平等，这种平等就是无相的平等。人的生命，最初都不过是一团相同的泥巴，只是被塑造成了不同的表相。要看破这层表相，就要摆脱一切外在的影响，不执着、不迷失。可是，在现实生活中，我们太容易以表相识人，看见达官贵人，就只看到一个达官贵人的皮相；看见落魄书生，就只看到一个落魄书生的皮相。

从前有一座山庙，里面住着一位老和尚和一个小和尚。

有一次，山上来了一位达官贵人，捐了许多香火钱，老和尚热情地接待了他。

后来，山上又来了一个书生，衣衫褴褛，饿得面黄肌瘦。老和尚立刻叫小和尚将他扶进庙里，尽心招待。

小和尚心里不解，于是问师父："为庙中捐了钱的达官贵人当然有资格受到礼遇，师父为何如此厚待一个穷书生？"

老和尚没有直接回答小和尚的疑问，而是用泥巴塑了一尊菩萨，告诉小和尚这是用千金请来的菩萨，于是小徒弟每天认真地上香念经。

不久，老和尚将泥菩萨雕刻成一只猴子，放在原处。小和尚发觉后，吓了一跳，便再也不肯去上香了。老和尚问起这件事，小和尚便答："师父，那尊菩萨变成一只猴子了！"

老和尚于是拿起那只猴子，细细雕琢，转眼间猴子又变成了一尊菩萨，小和尚看着那尊菩萨，终于有所悟。

一个是为寺庙捐了很多钱的达官贵人，一个是穷书生，小和尚只看见了他们的身份，也就是他们的表相，便对二人区别对待。我们往往执着于所认识到的那个相，从而渐渐迷失了自己。自卑于自己相貌的人，可能会郁郁终日；做老板的人在企业里强势，回到家也脱不开老板这个相，对待亲人也过于强势，家庭关系自然疏离；做官的人，到哪儿都离不开官相，做人总是颐指气使，必定使人生厌。

其实，不论处于什么样的地位，相都只是我们所扮演的一个角色，并不是我们自己。对角色太投入，就会迷失自我，就会无法自拔，进而生出种种烦恼，痛苦不堪。放下一切众生相，才能看到真正的本相，也就是原本的自我。生活中，不应让财富、地位、身份成为评判自己的标准，而应该还原自己本来的面目，这样才不会被外在的物质形态所奴役，才能做回真正的自己。

无相，才能无痴。看己看人都要做到不被表相影响，做人处世才会不拘泥、不执着。禅宗说"不思善，不思恶"，是要求人的思想观念时时保持纯净无杂，心地胸襟也要时时怀抱原始天然的朴素，不被各种各样的外相所蒙蔽，以此态度来待人接物、处理事务。如果个人拥有这种修养，就不会被烦恼缠身而痛苦不堪；如果人人持有这种生活态度，天下自然太平和谐。

其实，人本来生下来都很朴素、很自然，而后天的教育、环境的影响，种种原因，把圆满自然的人性雕琢了，刻上了多余的花纹雕饰，反而掩盖了原本的朴实。玉不琢，不成器，但不要以为这些花纹和雕饰就是真正的自己，要看透雕饰下面的自我，保持最单纯的本性。

想得少点儿，活得简单

一个人若追求复杂而奢侈的生活，则不仅贪欲无度，烦恼缠身，而且日夜不宁，心无快乐。复杂往往会浪费生命中宝贵的时间，奢侈则极有可能断送美好的人生。

人的一生中，会有很多追求、很多憧憬，有人追求真理、追求理想的生活、追求刻骨铭心的爱情；也有人追求金钱，追求名誉和地位。有追求就会有收获，我们会在不知不觉中拥有很多，有些是必需的，而有些却是完全用不着的。那些用不着的东西，除了满足虚荣心外，就只是一种负担。

我们已经拥有很多，却仍旧不满足，贪恋名利，贪恋这个世界上的一切繁华。我们总以为人生在世，不尽可能多地得到，就无法实现自己的价值。殊不知，得到越多，烦恼也就越多。于是我们背负着沉重的拥有，疲累而苦恼，却不懂得停下脚步，倾听一下内心的声音。

想过美满幸福的生活，希望丰衣足食，这是人之常情，但是把这种欲望无限放大，变成不正当的欲求，变成无止境的贪婪，就会在无形中成为欲望的奴隶。其实，静下心来想一想，有什么目标是非实现不可的？又有什么东西值得用宝贵的生命去换取？

再大的权势，再多的财富，也终有一日成空，没有什么能够代替内心的幸福。我们需要的是简单的生活，因为简单使人宁静，宁静使人快乐。尤其是在面临人生重大的选择时，更需要除去多余的念想。

一个农民从洪水中救起了他的妻子，他的孩子却被淹死了。事后，人们议论纷纷。有人说他做得对，因为孩子可以再生一个，妻子却不能死而复活。有人说他做错了，因为妻子可以另娶一个，孩子没法死而复活。

这件事情传到了当地的寺院里。寺里的一个小和尚听了以后便去问农民为什么没选择救孩子。农民告诉他，他救人时什么也没想。洪水袭来，妻子在他身边，他抓起妻子就往山坡游。待返回时，孩子已被洪水冲走了。

简单是一种睿智的生活方式，这个农民如果进行一番抉择，事情的结果会是怎样呢？洪水袭来，妻子和孩子都被卷进漩涡，片刻之间就会失去性命，这个农民还在山坡上进行抉择，妻子重要，还是孩子重要？那么，最终他谁也救不了。

在人一生中，许多时候并没有机会和时间进行抉择。抉择很困难，但也很简单，困难在于人们总是把抉择当作抉择，并为每一次抉择附加太多的意义，患得患失；简单在于别去考虑抉择问题，而是遵循生命自然的方式，不要被多余的考虑束缚身心，活得简单，才能于简单中发现生命真正的芳华。

世间的繁华是没有尽头的，一切繁华其实都是人内心制造的幻影，以为自己得到了它，实际上还离得很远，我们只不过用自己的人生为繁华作了一个注脚。在追求物质的过程中，人最容易丧失自我。因为对物质的追求永无止境，而人的生命是有限的。

拥有物质不一定就能得到幸福，这就好比带着枕头被子出门，不但没有得到很好的休息，反而增加了负担。拥有再多的物质也仍会有不满足的时候，心灵则因为被物质挤压，无处容身。

在有限的生命里，扪心自问，我们是不是在拥有的同时失掉了简单，失去了幸福？

做人不掺杂念

人活在世上，应当眼界开阔，看得透人生诸多名利与荣辱背后的真相。眼界狭小的人，只看得见眼前的得失，为每一次得失大喜大悲，你争我夺，看不清前途所在，看不清祸福，看不清生死，对于生活的意义、生命的价值一无所知，自我在其中迷失，万千的烦恼也应运而生。懂得放开眼量的人，不会被生活中一时的忧乐所惑，从而能驾驭生活，而不是被生活所困。

在现实生活中，真正懂得放开眼量的人并不多，这是因为人在世间行走的过程中，学到的东西有很多，好的、坏的，混杂在一起，善和恶纠结不清，接触到的世界越宽广，接受的观念和思想越多，欲望也就越多，人心渐渐失去了判断力，失去了向外寻找和向内探求的力量。

佛家修行讲究心无杂念，大千世界、世间万象都在心中，心中却能一片空明，无一杂念，这是一种修佛的境界。做人也是一样，陷入生活的泥沼之时，也要善于摆脱杂念，少一念就少一分烦恼，不掺杂念的心就像赤子之心一般珍贵。

从前有一个老者和一个小孩子生活在一起，这个老者从来不教孩子各种礼仪和做人的道理，只是让他自然而然健康地成长。

有一天，一个云游四方的僧人，在老者家中借宿，见孩子什么也不懂，于是教了他很多礼仪。

孩子很聪明，很快就学会了。晚上，孩子见老者从外面回来，于是恭敬地走上前去问安。老者十分惊讶，就问孩子："是谁教给你这些东西的？"

孩子如实回答："是今天来的那个和尚教我的。"

老者马上找到和尚，责备说："和尚你四处云游，修的是什么心性啊？这孩子被我捡来养了两三年，幸好保持了他一颗天然可爱的本心，谁知道一下子就被你破坏了！拿起你的行李快出去吧，我家不欢迎你！”

小孩秉持天然个性成长，和尚却用俗礼污染，被老者赶出家门着实不冤。人无识，便心境明澈；无知，便身无烦恼。如此做人，才是最本真的方式。当然，这只是一种理想的境界，在现实中几乎不可能达到。

每个人从降生于世到长大成人，都会接受各种的教育，即使不接受教育，在社会上生存，也必然会有各种各样的人生经历，这些经历将给人磨砺，促使人成长。人不可能做到绝对的无识无知，但可以在被生活的苦楚纠缠时，退回内心，重新找回面对人生的力量。

退回内心并不是简单的逃避，而是一种洞见心性的智慧。一个人只有明了自己真正的心性，才能在抬头看世界时，保持正确的视角和心态，而不被短视迷住心窍。在内心摆正了自身的位置，才能不掺任何杂念，在实现人生目标的道路上不被外物所惑，笔直前行。

除去心中累赘，回归自然天性

人的本性是自然的，但在尘世中行走多年，有多少人能保持纯净质朴的初心呢？

佛家之人，不喝酒、不吃肉、不近女色、不沉迷于俗世的纷纷扰扰，生活得清净而洒脱。表面看来，他们的生活有些寡淡无味，但正是这清心寡欲的生活让他们的内心回归到淳朴自然的状态，恢复了初来人世时的初心之境。

当人初临人世的时候，都还是头脑空空的婴儿，只懂得饿了要吃，困了要睡，既不懂得男女之间的色欲，也不懂得功成名就、家财万贯的荣耀，仅仅以一颗纯真的初心，好奇地观望这个世界，享受这个世界带给他们的每一丝欢乐。

然而，进入俗世久了，一颗初心便面目全非。比如，很多人刚进入社会时，都满怀希望与抱负，遭受多次挫折，经历艰难困苦之后，一颗原本纯真的心就变了。原本爽直的人变得吞吞吐吐，心灵也变得扭曲，丧失了希望与抱负，最后变得畏缩。

究其原因，就是因为心中的累赘多了。常言道，初生牛犊不怕虎，那是因为它不懂得虎的可怕，保持着一颗未被经验污染的心。一旦它切身体验到了虎的可怕，便不再敢于向虎挑战。面对老虎的恐惧，以及由此而来的死亡阴影，会一直占据着它的心。

人生于世也是如此，品尝过失败，便会畏惧失败；品尝过痛苦，就会逃避痛苦；品尝过财富和权势的味道，便要死死抓住，不肯再放开手。久而久之，我们的心越来越沉重，各种累赘堆满了心灵的每个角落。渐渐的，我们什么都不敢再尝试，什么也不肯轻易丢弃，于是再也看不见身边的风景，再也感受不到快乐和安宁。因为失去了好奇地观望世界的那双眼睛，失去了最初充满童心童趣的自己。

除去心中多余的累赘，时不时为心灵腾点儿空间，才能逐渐回归自然的天性，看见自身的美和世界的美。年龄的增长不是问题，一颗永葆年轻纯净的心才是最重要的。

佛尚在世时，有一次，波斯匿王带着群臣，骑着大象出外巡游。途中，波斯匿王看见一个满头白发的老人从远处走来，便叫停了众人，让老人先慢慢走过去，别让浩大的队伍吓着他。

老人本来想着在路边等一等，让队伍先走，但是看到队伍停下，也就放心大胆地往前走了。老人走过波斯匿王身边时，波斯匿王微笑着问他："您老年纪不小了吧？"

老人伸出了四个手指头。

波斯匿王纳闷了，这是什么意思？难道才 40 岁吗？可是头发胡须都那样白了。

老人望着波斯匿王，露出了天真的笑容，他说："我今年四岁。"

"四岁？"波斯匿王诧异地问道。

"对！"老人十分坚定地说，"不是说我是倒着活的，而是我从四年前闻得佛法后才算真正开始活着。那之前，我是糊涂的、懵懂的，甚至虚伪的。如今，虽然我身已老，可是我抛开一切，尽自己的力量付出、布施，不同人斤斤计较，不为外事挂心，反而身心轻安，越活越年轻。所以，我说，我的年龄才四岁。"

波斯匿王听了老人的话，十分欢喜，说："老人家，你虽然闻得佛法才四年，可是你的生命具有真正的价值，无争才是最为逍遥的人生。"

这位老人是真正的智者，身虽老，但心不老。心之所以不老，是因为不为外事挂心，不为烦恼所役。

譬如一个人看到翠竹黄花，青青翠竹是那么青翠有生气，繁茂的黄花又是那样鲜艳美丽，因此为它们的清净不染、庄严自在生出了欢喜、赞叹和感恩之心，这样的人，是用心灵生活的人。这样的心灵，是清澈、没有累赘的心灵；这样的境界，是做人应当追求的境界。

生活在世事纷扰的世界里，尔虞我诈让我们多了一些虚伪，钩心斗角让我们多了一些狡诈，世态炎凉让我们多了一些冷漠，所以人常常显得很苍老，总是受外界环境和自己情绪变化的影响。不被年岁所束缚的人，能时时抛开既有的一切，时时回归自己本性的自然，不执着，不虚妄，回归自然天性，让人生中的每一刻，都成为新的起点。

聪明累，过无机心的人生

《华严经》中有偈云："诸法无自性，一切无能知；若能如是解，是则无所解。"意思是说，世间一切现象没有固定不变的，也没有永恒不变的真理。

人们正是因为很难认识到这一点，或者认识了也很难从心底接受，以致执着于自己的一腔信念，却不知这种想法本身已经错了。这种自以为是的聪明，常常会成为算不清的糊涂账，倒不如去除杂质，于单纯中得正道。

聪明是一种先天的东西，人们总是羡慕聪明人的智商，殊不知这种表面的光芒不一定能令人成功，在现实中也确实存在着众多一事无成的聪明人。聪明这种天赋犹如水一样，可以载舟，也可以覆舟。

苏东坡在《洗儿》一诗中写道："人皆养子望聪明，我被聪明误一生。唯愿孩儿愚且鲁，无灾无难到公卿。"苏东坡对于自己一生因聪明而受的苦刻骨铭心，以至于希望自己的儿子愚蠢一点，以躲避各种灾难。聪明本是天生禀赋，机关算尽却成为人的痛苦之源。

才智也有困窘的时候，神灵也有考虑不到的地方。正所谓难得糊涂，聪明难，糊涂难，由聪明而转入糊涂更难。摒弃小聪明方才显示大智能，除去矫饰的善行方能使自己真正回到自然的善性。聪明常被聪明误，一个人身处世间，应当除去自己的机心，以最率真的心做人。

有一天，佛陀带着弟子们到王舍城托钵。路过一家染布店的时候，佛陀停下了脚步，站在店铺旁边，专心地看着染布师傅染布，直到整个染布的过程结束后，佛陀才继续向前走。

回到精舍，佛陀问随行的弟子："今天外出，有什么感想和收获吗？"

一个弟子回答："城里很繁华，很热闹。大家都在忙着出售、购买。"

"这么多人都在买卖，你们从中又看出了什么？"佛陀又问。

另一个弟子回答道："买卖的目的都是为了谋生。"

"对！"佛陀点点头，说，"除了生活需要滋养之外，我们的心灵也需要滋养。"

弟子们十分好奇，问佛陀："要用什么来滋养我们的心灵呢？"

佛陀说："今天，我看到染布店的师傅，他的全身被沾染了很多的颜色，最后却染出了一匹洁白的布，整个过程他都非常细心，就是为了不让布匹被染脏。"

众人终于明白佛陀白天的时候为什么会在染布店停驻了。

佛陀接着说："其实修行也一样，我们处在这个混浊而又复杂的世界，最重要的是保持心的纯净。我们原有的本真就像那块白布，若不小心呵护，即便染布师傅的技艺再好，它的色泽也不会有之前那么好。所以，我们要学染布师傅，仔细地呵护我们的心。"

布弄脏了，再去漂白就好，可是漂白之后的白，已恢复不了最初的洁白。我们的心也是这样，贪、痴、嗔等各种污秽侵入心灵，使得它忐忑不安，无法平静，不复最初的纯真。很多时候，迫于世俗的种种压力，真实的自我往往裹着厚厚的外衣，让人无法看到真正的面目。浓妆艳抹的风姿虽然能够在第一时间吸引住别人的目光，但洗尽铅华后的本色将更加持久。

人存活于世间，去掉心灵的遮蔽，以本色天性面世，不费尽心机，不被那些无谓的人情、规矩所约束，能哭能笑，能苦能乐，真实自然，保持自己的个性特点，岂不是乐事？

纯净率真的心是这个世界的原始本色，没有一点儿功利色彩。就像花儿的绽放、树枝的摇曳、风儿的低鸣、蟋蟀的轻唱，听凭内心的召唤，这是本性使然，没有特别的理由。

在世人眼中，禅是很高的境界，可望而不可即，其实，古往今来的禅师反复强调，禅的境界就在人间，在每个人的身上。一个人只要能够除去多余的机巧之心，保持自己的本色，发挥自己的天然个性，就是达到了禅的境界。

在这个世界上，每一个人都是独一无二的。每个人都有自己的独特个性和特色，不必去寻求这样或那样的机心，而应以自我的真心对待万事万物。只要我们在遵守规则的前提下去除机心，保持自我本色，不人云亦云，不亦步亦趋，就能创造出属于自己的美好人生。

做人要有一颗直心

《维摩经菩萨品第四》中有一句名言："直心是道场。"拥有一颗直心，就是拥有坦荡光明的心境，心口如一，言行如一，心地磊落，没有牵挂纠缠。

心口如一，就是嘴里所说的话，与心中当下所想的内容是一致的，没有欺骗自己和别人。可是，这并不意味着毫无遮拦地和盘托出心里所想的一切，以致不顾后果、不管别人的感受，甚至毫不在乎地用言语伤害别人，这不是直心，而是粗暴和无知，是没有智慧和不慈悲的表现。

在现实生活中，人们为了自己的利益需要，往往会说一些违心的话。佛家有"方便妄语"之说，意思是有时我们为了不伤害别人，可以说一些善意的谎言。不过，善意的谎言一定要出自真心，才符合心口如一的要求。倘若只是为了利益需要而说谎，就谈不上善意，更谈不上直心。

言行如一，是怎么说就怎么做，把自己所说的话原原本本地落实到行动上，这样的心才称得上爽直。与此相反的，就是把自己所说的话，变成口号，话说得很好听，却从来不将它落到实处。现实生活中，我们或多或少都会犯这种言行不一的错误，有时是为现实所迫，有时则是因为自身的惰性，面对困难的事情，总是为自己找借口，不愿意付出努力。久而久之，受害的其实是自己。

做到了心口如一、言行如一之后，就离直心不远了。如果我们觉得自己的心很混乱，不得安宁，这是因为我们还有着太多的牵挂与纠缠，以及由此而产生的执着与烦恼。我们需要找到烦恼的根源，给自己的心松绑。对于烦恼的来源，《维摩诘所说经》里说得很清楚："何为病本？谓有攀援。"攀缘心就是，我们的六根对着六识时，总忍不住要去攀附，由此生出无穷无尽的欲望和烦恼，原本清净坦荡的内心也被扭曲。

要想拥有一颗直心，就要从放下攀缘心开始，只要拥有一颗直心，便处处都是道场。

一天，光严童子为寻找适于修行的清净场所，决心离开喧闹的城市。在他快要出城时，遇到维摩居士。

维摩也称为维摩诘，是与佛祖同时代的著名居士，他妻妾众多，资财无数，一方面潇洒人生，游戏风尘，享尽世间富贵；一方面又精悉佛理，崇佛向道，修成了救世菩萨，在佛教界被喻为"火中生莲花"。

光严童子问维摩居士："你从哪里来？"

"我从道场来。"

"道场在哪里？"

"直心是道场。"

听到维摩居士讲"直心是道场"，光严童子恍然大悟。

直心即纯洁清净之心，即抛弃一切烦恼，灭绝了一切妄念，存一无杂之心。有了直心，在任何地方都可修道；若无直心，就是在清净的深山古刹中也修不出正果。

能够做到时时心口如一，处处言行如一，心地光明磊落，没有牵挂纠缠，就不必去追寻世外桃源，也不必向往人间净土，更不必东攀西附。做好自己，哪怕身处喧闹世俗也不受影响，那么，心内便是净土。

人心本来纯真无私、正直光明，但随着年龄与阅历的增长，渐渐发现周围的许多人都心有城府、尔虞我诈、钩心斗角，便不由自主地随波逐流，放弃了自己的直心道场。

世上最累人的事，莫过于虚伪地过日子。做真实的自己，活出自己的性格，才能得到发自内心的快乐。尊重自己的行为方式，做真正想做的事，做想做的人，才会达到快乐自在的人生状态。

第二章

积极：转换情绪，拓展生命的张力

生命的张力首先在于正视脆弱

人生旅途中有风有雨，但我们心中要始终有个太阳，能够凭借强韧的生命力渡过生活中的惊涛骇浪。虽然直面问题往往使人感到痛苦，但如果不去解决，问题就会像山峦一样横亘在眼前，阻止我们成熟。

人的一生必然要经历生、老、病、死，必定要面对成长的烦恼、生活的磨难、前进的挫折、失去的痛苦。生命如此脆弱，脆弱的人生虽然让人难过，却也让人反思。没有人天生能够战胜脆弱，但应学着在漫长或短暂的人生中慢慢用行动证实自己的勇敢。

刘伟是2010年东方卫视《中国达人秀》的冠军，他的夺冠可谓是众望所归。虽然这位戴着黑框眼镜、身体孱弱、两袖空空的无臂冠军没有能力接过奖杯，但在“达人秀”的舞台上，人们记住了一个用脚趾弹奏钢琴的倔强身影。刘伟在舞台上说出的每句座右铭都掷地有声，表演结束后，他留下一句充满力量的话：“我觉得现在每个人心里最重要的就是珍惜你现在拥有的，努力去得到你未来想要的。因为自己经历了一些事情，有的时候需要告诉自己，走下去，至少我还有一双完美的腿。”

10岁时因触电意外失去双臂，19岁时，成绩优秀的他放弃高考，开始学习钢琴，只用了一年时间，就能够弹奏相当于手弹钢琴业余4级水平的钢琴曲《梦中的婚礼》；他凭借自己惊人的毅力追求着在常人看来不可完成的梦想。刘伟在遭到音乐学院校长的歧视后，说："谢谢他能这么歧视我，迟早有一天我会让他看看。"

刘伟曾经说：

"我的人生只有两条路，要么赶紧死，要么精彩地活着。"

"我从来没有把自己当成特殊群体，就是你们用手做的东西，我用脚做，只是换了一种方式而已，没有不一样。"

"我能像正常人一样生活，养活自己，虽然我体会不到拥抱别人的幸福感，但我能够在琴声中感受到更多幸福。"

"在我的生命里不能缺少三样东西，水、空气和音乐。"

"一个男人，就应该为自己的梦想负责。"

刘伟面前的道路很宽阔：签约世界级经纪公司、出唱片、与其他世界达人一起赴拉斯维加斯的演唱会。但刘伟很淡定，"我一直是一个普通人，平时不喜欢和媒体打交道，但一位老师告诉我，我能让身边的人对他自己的人生观有所改观，所以如果有一天我能拥有这样的影响力，我愿意继续这么做。"

刘伟坚强、掷地有声的话感动了全世界，就像他经常告诉自己的那样，他从来不把自己当作弱者，失去双手也许让他看起来有点异样，但这不是人生悲观的理由。如果你正视生命中的脆弱，脆弱就不再那么可怕了。

下定决心向前走，失去什么都不能失去对生活的希望。只有如此，才能正视生命中的脆弱，不断进步。

接受不幸，把挫折当作成长的营养

约翰·弥尔顿在双目失明的情况下，依然写出《失乐园》《复乐园》《力士参孙》等作品，为后人留下了宝贵的精神财富。"即使土地丧失了，那有什么关系。即使所有的东西都丧失了，不可被征服的意志和勇气也是永远不会屈服的！”这是他的坚强。

无论水中的石头累积了多厚，积攒了多少，河水都在不停地流着，一年又一年，只是有时流得快有时流得慢。同理，在生活中，我们时常会遇到挫折，我们应像河水一样，怀着一颗积极的心，勇敢地面对它、打败它。

1967年的夏天，对于美国跳水运动员乔妮来说是一个伤心的夏天，她在一次跳水事故中身负重伤，全身瘫痪，只剩下脖子可以活动。

乔妮哭了，她躺在病床上彻夜难眠，怎么也摆脱不了那场噩梦，跳板为什么会滑？为什么她恰好在那时跳下？不论家人怎样劝慰，亲戚朋友们如何安慰，她都认为命运对她实在不公。出院后，她叫家人把她推到跳水池旁，注视着那蓝盈盈的水波，仰望那高高的跳台，她再也不能站立在那洁白的跳板上了，那蓝盈盈的水波再也不会溅起朵朵美丽的水花拥抱她了。她又哭了起来，不得不结束自己的跳水生涯，离开了那条通向跳水冠军的路。

慢慢地，她开始冷静思索人生的意义和生命的价值。她借来许多介绍前人如何成才的书籍，一本一本认真地读了起来。她虽然双目健全，但读书很艰难，只能靠嘴衔一个小竹片去翻书，劳累、伤痛常常迫使她停下来。休息片刻后，她又坚持读下去。通过大量的阅读，她终于领悟：自己是残疾了，但许多人残疾之后，却在另外一条道路上获得了成功，他们有的成了作家，有的创造了盲文，有的创作出了美妙的音乐，我为什么不能？于是，她想到了自己中学时代曾喜欢画画。我为什么不能在画画上有所成就呢？这位纤弱的姑娘变得坚强起来，变得自信起来。她捡起中学时代曾经用过的画笔，用嘴衔着，开始练习。

这是一个常人难以想象的艰辛过程，家人担心她累坏了，于是纷纷劝阻她：“乔妮，别那么死心眼儿了，哪有用嘴画画的，我们会养活你的。”可是，他们的话反而激起了她学画的决心，“我怎么能让家人养活我一辈子呢？”她更加刻苦了，常常累得头晕目眩。为了积累素材，她常常乘车外出，拜访艺术大师。很多年过去了，她的辛勤劳动没有白费，她的一幅风景油画在一次画展上展出后，得到了美术界的好评。

后来，乔妮决心学文学，她的家人及朋友们又劝她：“乔妮，你绘画已经很不错了，还学什么文学，那会苦了你自己的。”她没有说话，她想起一家刊物曾向她约稿，要她谈谈自己学绘画的经过和感受，她费了很多精力，可稿子还是没有完成。这件事对她刺激太大了，她深感自己写作水平差，必须一步一个脚印地学习。

这是一条通向光荣和梦想的荆棘路，虽然艰辛，但乔妮仿佛看到艺术的桂冠在前面熠熠闪光，等待她去摘取。

终于，又经过了许多艰辛的岁月，这个美丽的梦终于成了现实。1976 年，她的自传《乔妮》出版，轰动了文坛，她收到了数以万计的热情洋溢的信。又两年过去了，她的《再前进一步》一书又问世了，该书以她的亲身经历，告诉残疾人，应该怎样战胜病痛，立志成才。后来，这本书被搬上银幕，影片的主角由她自己扮演，她成了青年们的偶像，成了千千万万个青年自强不息、奋进不止的榜样。

乔妮用自己的行为向我们证明：生命没有残缺，无论命运怎样困厄，都无法阻止我们实现自己的人生价值。相反，如果我们正确面对，它们会成为我们人生道路中一笔宝贵的精神财富。

每一个生命都是完整的，即使身体有缺陷，但在正确看待之后，我们仍然可以拥有一个完整的人生和幸福的生活，只有接受不幸才是对待生命的正确态度。

人生的路要自己走，请接受不幸，让挫折成为我们成长的营养。

用行动为抱怨画上休止符

夏季的炎热不免引来些许的烦躁，于是人们开始抱怨天气。但仔细想想，同样的夏季，同样的燥热，小孩儿为什么那么高兴，玩儿得不亦乐乎呢？儿时，这燥热的夏天不正是我们进入快乐天堂的季节吗？我们顶着大太阳和小伙伴们一起四处捕蝉，在温热的河水里打滚，不知外界的环境何时左右了我们的心情，生活中突然平添了许多烦恼。为何不能像小时候那样，用自己的行动去改变现状呢？

两年前，李翔从外地到上海打工，起初，他和公司其他的业务员一样，拿很低的底薪和很不稳定的提成，每天的工作都非常辛苦。当他拿着第三个月的工资回到家时，他向母亲抱怨说："公司老板太抠门儿了，给我们这么低的薪水。"慈祥的母亲并没有问薪水具体是多少，而是问他："你为公司创造了多少？你拿到的与你给公司创造的是不是相符？"他没有回答母亲的问题，但从此他再没有抱怨过老板，也从不抱怨自己，有时甚至感觉自己这个月做的业绩太少，对不起公司给的工资，进而更加勤奋地工作。

两年后，他被公司提升为主管业务的副总经理，工资待遇提高了很多。一天，他手下的几个业务员向他抱怨："这个月在外面风吹日晒，吃不饱，睡不好，辛辛苦苦，老板才给我1500元！你能不能跟老板提一提增加一些。"他问业务员们："我知道你们吃了不少苦，应该得到回报，可你们想过没有，你们这个月每人给公司只完成了2000元业绩，公司给了你们1500元，公司得到的并不比你们多。"业务员都不再说话。

几个月之后，他手下的业务员成了全公司业绩最优秀的员工，他也被老总提拔为常务副总经理，这时他才27岁。他去人才市场招聘时，凡是抱怨以前的老板没有水平、待遇太低的人一律不招，他说："持这种心态的人，不懂得反思自己，只会抱怨别人。"

抱怨只是暂时的情绪宣泄，它可以成为心灵的麻醉剂，但绝不是解救心病的良方。遇到问题时，抱怨是最坏的方法。

将抱怨化为上进的力量，才是面对困境的正确方法。有人说，如果一个人在青少年时就懂得永不抱怨的价值，那实在是一个良好而明智的开端。倘若我们还没修炼到此种境界，就要时常提醒自己：与其抱怨，不如用行动来改善你所不满的现状。

与其消极地抱怨，不如用行动解决问题，积极地面对人生。

应对生活，用微笑驱散阴霾

池田大作论人生观时谈道："一个人面对人生，带着豁达开朗的笑容，这便是太阳，并且我希望这笑容是发自内心的。以这样的方式生活，愉快的东西便会一天天积蓄于心中。反之，若只是注视着人类的阴暗面，结果只能使令人生厌的阴森森的世界在你的心中扩展，使自己陷于失败的境地。"

微笑着去唱生活的歌谣。不必抱怨生活给予我们太多的磨难，不必抱怨生命中有太多的曲折。大海如果失去了巨浪的翻滚，就会失去壮阔；沙漠如果失去了飞沙的狂舞，就会失去壮观；人生如果仅仅是两点一线的一帆风顺，生命也就失去了存在的魅力。

微笑着，把每一次的失败都归结为一次尝试，不自卑；把每一次的成功都想象成一种幸运，不自傲。微笑着弹奏从容的弦乐，坦然地面对挫折，接受幸福，品味孤独，战胜忧伤。

在夹江县美丽的青衣江畔，人们常会看到一位无臂少女骑着自行车行驶在通往训练场的路上，她就是雷庆瑶。1993 年，

3 岁的雷庆瑶不慎触电，失去双臂。她痛过，哭过，闹过，但最后凭着惊人的毅力和对美好生活的渴望，用双脚写出了精彩的人生。她成了一名优秀的残疾人运动员，在四川第六届残疾人运动会上夺得 4 银 2 铜，在全国残疾人游泳锦标赛上获得蝶泳 50 米第 6 名；她出演的电影《隐形的翅膀》感动亿万观众；上海世博会期间，庆瑶还用双脚表演了毛笔书法、绘画、绣花，博得了世界各地游客的赞叹。

在访谈节目《鲁豫有约》中，有一期叫《隐形的翅膀》，专门讲述了庆瑶的故事。手是我们飞向天堂的翅膀，没有了手，我们的生活怎么自理？而庆瑶却用自己的双脚改变了人生，甚至比一般人做得更好。而现场最令观众感动的是庆瑶的微笑，从节目录制开始到结束，庆瑶始终用笑容面对大家，在她的脸上丝毫没有苦难和悲伤的痕迹。

上苍夺去了庆瑶"飞翔的翅膀"，但夺不走她的梦想。生活中有许多像庆瑶一样遭遇过不幸的人，而庆瑶面对挫折时的笑容、面对生活时的积极与乐观，使庆瑶脱颖而出，成为电影《隐形的翅膀》的女主角。

"每个人都有一双隐形的翅膀，用心凝望不害怕，终有一天会翱翔。让梦恒久比天长，留个愿望让自己想象。"每个人都应该像歌中唱的那样，张开我们隐形的翅膀，用微笑代替对挫折与苦难的抱怨。

带着阳光般的笑容迎接人生征途中的艰难使命，不管成与败，苦与乐，只要坦然面对，总会展翅翱翔。

将不幸变为机遇

每个人都有可能走进生命的低谷，被贫穷、自卑、黑暗折磨的日子，咬噬着我们的心。但是，人生的低谷更像是一面镜子，教会我们审视人生、重新认识自己。只有当我们误进深渊，跌得头破血流时，才会在实践的基础上深刻反省自己，为自己今后的道路制订一个切合实际的目标。处于低谷时我们不得不承受、包容来自各方面的压力，这时请默默地接纳这一切，然后告诉自己，一切都将重新开始。

道本连自己的名字都不会写，却在大阪的一所中学当了几十年的校工。尽管工资不多，但他对生活中的一切很满足。就在他要退休时，新上任的校长以“他连字都不识，却在校园工作，太不可思议了”为由，将他辞退了。

道本恋恋不舍地离开了校园，像往常一样，他去为自己的晚餐买半磅香肠，但快到食品店门前时，他想起食品店已经关门多日了。而不巧的是，附近街区竟然没有第二家卖香肠的店。忽然，一个念头在他脑海里闪过——为什么我不开一家专卖香肠的小店呢？他拿出自己仅有的一点儿积蓄开了一家食品店，专门卖起香肠来。

因为道本灵活多变的经营，十年后，他成了一家熟食加工公司的总裁，他的香肠连锁店遍及大阪的大街小巷，并且提供产、供、销“一条龙”服务，颇有名气的道本香肠制作技术学校也应运而生。

一天，当年辞退他的校长得知这位著名的董事长识字不多时，便十分敬佩地称赞道：“道本先生，您没有受过正规的学校教育，却拥有如此成功的事业，实在是太不可思议了。”道本诚恳地回答：“真感谢您当初辞退了我，让我摔了跟头，从那之后我才认识到自己还能干更多的事情。否则，我现在肯定还是一位靠一点儿退休金过日子的校工。”

对于过惯了安定生活的人，突如其来的失业无疑是最大的打击，但是道本先生没有因此而放弃自己的人生，被辞退反而成就了他的事业。可见，只要心中时时充满对生活的热爱，困境也会成为机遇。

身陷人生的低谷，首先要有一颗向上的心。以阳光的心态面对世界，那样在不幸中也能发现机遇。

别让悲观挡住了生命的阳光

人生如棋，在生命的尽头才能看透结局，只要还活着，就有挽回败局的可能！当埋怨日子苦的时候，你有没有好好想想，在这些难熬的日子当中，你认真对待过几天？

有位旅行者倚着一棵树晒太阳，他衣衫褴褛，神情萎靡，不时有气无力地打着哈欠。

一位僧人经过，好奇地问道："年轻人，如此好的阳光，如此难得的季节，你不去做你该做的事，却在这里懒懒散散地晒太阳，岂不辜负了大好时光？"

"唉！"旅行者叹了一口气说，"在这个世界上，除了我自己的躯壳外，我已一无所有，又何必去费心费力地做什么事呢？每天晒晒我的躯壳，就是我要做的所有事。"

"你没有家？"

"没有。与其承担家庭的负累，不如干脆没有。"旅行者说。

"你没有你的所爱？"

"没有，与其爱过之后空余怨恨，不如干脆不去爱。"

"你没有朋友？"

"没有。与其得到还会失去，不如干脆没有朋友。"

"你不想去赚钱？"

"不想。千金得来还复去，何必劳心费神动躯体？"

"噢。"僧人若有所思，"看来我得赶快帮你找根绳子。"

"找绳子干吗？"旅行者好奇地问。

“帮你自缢。”

“自缢？你叫我死？”旅行者惊诧道。

“对。人有生就有死，与其生了还会死去，不如干脆就不出生。你的存在，本身就是多余的，自缢而死，不正合你的逻辑吗？”

旅行者无言以对。

“兰生幽谷，不因无人佩戴而不芬芳；月挂中天，不因暂满还缺而不自圆；桃李灼灼，不因秋节将至而不开花；江水奔腾，不因一去不返而拒东流。更何况是人呢？”僧人说完，拂袖而去。

这是一个悲观者的故事，他之所以孤独是因为他没有用心去生活，没有用心去爱，所以没有朋友，没有家人。他只活在自己的躯壳里，没有生命的律动。

沉浮动静皆人生，如果我们总用效益坐标来判断人生的状况，前进为正，后退为负，上升为优，下沉为劣，那么，我们就永远不能读懂人生。星云大师说，追求幸福的过程，才是最幸福的。既然每个人的未来结果是相同的，均为赤条条来去无牵挂，那么还不如在追求一切的过程中好好享受，这才不枉在尘世走一遭。

生活中到处充满了阳光，只是我们有时被悲观遮蔽了双眼，误以为人生灰暗。让自己时刻沐浴在阳光中，便能把生活过出甜蜜的味道。

被需要也是一种幸福

一个人在家庭、在社会、在企业无论处于什么位置，都需要获得别人的认可，也就是所谓的“被需要”。“被需要”是一种幸福，因为“被需要”体现了我们存在的价值。

阿瑞原本有一个幸福的家庭：妻子能干，儿子乖巧，一家人过着快乐的生活。突如其来的不幸降临了，才30岁的妻子得了重病，她在生命垂危的时候，紧紧握着阿端的手说："你一定要照顾好我们的儿子，把他养大成人……"阿瑞含泪点头答应了妻子。

这年阿瑞才32岁，但他为了不让儿子受委屈，一直没有再婚。他细心地照顾着儿子，关心着儿子。儿子也很争气，高中时考入了省重点中学，学习一直名列前茅。阿瑞在工作上也是勤勤恳恳，不久就当上了高级工程师。

转眼，儿子就要参加高考了，阿瑞表现得比儿子还紧张，每天变着花样儿给儿子做好吃的，生怕他营养不足，影响了考试。但是临考的前三天，一场突如其来的车祸夺去了儿子的生命。阿瑞痛苦至极，他从小就失去了父母亲，年轻时又失去了至爱的妻子，儿子是他全部的希望。没想到，上天竟残忍地夺走了他心爱的儿子。

从那之后，阿瑞每天上班的时候总是心不在焉，他不知道自己工作是为了什么。每天回到家里，他总是是一个人对着墙壁发呆。在这个世界上，他已没有牵挂的人，也没有人会牵挂他。阿瑞越想越痛苦，越想越绝望，每日借酒消愁。

这天下班后，阿端又喝了很多酒，他来到了江边，打算跳进江里，这样就会结束孤单和痛苦。这时已经是晚上9点多了，路上行人很少，忽然他发现不远处有一个衣服破烂的老大娘急急地走过来，捡起了地上的易拉罐，小心地放进手中的袋子里。

阿瑞忍不住问："大娘，您没有和儿子一起住吗？这么晚了还出来做这个？"老大娘叹了一口气说："我一个孤老婆子，哪里有儿子，只有一个7岁的小孙子，还要我来照顾他。"阿瑞看着老大娘满脸的沧桑，眼睛湿润了。他想，我从小没有父母，为什么不可以像儿子一样照顾这个大娘和她的小孙子呢？他走过去扶住大娘说："大娘，我从小失去父母，现在孤身一个人，如果你不嫌弃，我可以做你的儿子。"

之后，阿瑞将老大娘和那个7岁的男孩接到了自己家里。大娘告诉他，男孩是她捡来的弃婴，三个没有血缘关系的人组成了一个家。

阿瑞又恢复了之前工作的劲头儿，每天下班回家，阿瑞会先喊一声："妈，我回来了！"大娘会端出热腾腾的饭菜。有时他加班回来很晚时，大娘会开着灯一直等他回来。小男孩常常拿着100分的卷子，嘴里喊着："爸爸！爸爸！我又得了100分！"阿瑞抱起儿子，用胡子边扎边说："我儿子是好样的！"一家人生活在一起，其乐融融。

真正的快乐是感觉到你无时无刻都被别人需要着，在心情失落的时候，想想还有那么多需要我们的人，我们的心情就会慢慢变得快乐起来。

人生在世，就是在需要与被需要之间学习、生活和工作。需要是一种索取，被需要是一种奉献。有了需要和被需要，社会才能不断进步，人生才充满幸福。

第三章
淡泊：放下负累，别把贪、嗔、痴装进行囊

欲望的海水越喝越渴

佛说“贪、嗔、痴”为人生“三毒”，是为众生业障的根本。妒忌、残害等心理，都是随三毒而来的无明烦恼。而这三毒之中，“贪”为第一毒。当我们发现自己在现实生活里奔波不停，像陀螺一样疲于旋转、永不止息时，有没有想过，那用鞭子抽打我们的，到底是现实本身，还是我们自己心里过多的贪欲？

在人生的漫漫旅途中，每个人或多或少都会遇到一些机关陷阱，而这些陷阱之中，有一种最为可怕，却是我们自己挖掘的，这就是贪婪。贪婪之人眼中只有欲望。有些基本的欲望是不可避免的，且适当的欲望反而有益于身心，但当我们的心里、眼里只有欲望时，当我们不顾一切地只为满足自己的欲望时，我们就会忽略自己的缺点和前方的危险，奋不顾身地跳进自己挖好的陷阱里，万劫不复。曾有人说：“欲望像海水，喝得越多，越是口渴。”诚然，欲望不加节制就会“越喝越渴，越渴越喝”，最后不但没能满足欲望，反而迷失了自己。

有人问禅师：“世上最可怕的是什么？”

禅师说：“欲望！”

那人不解：“为什么呢？”

禅师说：“听我讲一个故事吧！”

有一个农民想买一块地，他听说有个地方的人想卖地，便决定到那里打听一下。到了那个地方，他向人询问：“这里的

地怎么卖呢？”

当地人说：“只要交一千文，就给你一天时间，从太阳升起的时间算起，直到太阳落下地平线，你能用步子圈多大的地，那些地就是你的了，但如果不能回到起点，你将不能得到一寸土地。”

农民心想：那我这一天辛苦一下，多走一些路，岂不是可以圈很大的一块地？这样的生意实在太划算了！于是他就和当地人签订了合约。

太阳刚一露出地平线，他就迈着大步向前疾走，到了中午的时候，他回头看不见出发的地方了才拐弯。他的步子一分钟也没有停下，一直向前走着，心里想：“忍受这一天，以后就可以享受这一天的辛苦带来的欢悦了。”

他又向前走了很远的路，眼看着太阳快要下山了，他心里非常着急，如果赶不回去就一寸地也得不到了，因此他走斜路向起点赶去。看着快要落到地平线下面的太阳，他加快了脚步，终于只差两步就到达起点了；但是此时，他的力气已经耗尽，倒在了那里，倒下的时候两只手刚好触到起点的那条线。那片地归他了，可是又有什么用呢？他已经失去了生命，要地还有什么意义呢？

禅师讲完，沉默不语，那人却已经知道了自己想要的答案。

是啊，生命都失去了，拥有再多的土地还有什么意义呢？对一个不知足的人来说，欲望永远没有满足的那一刻，只有死亡才能让他们停下匆匆的脚步。欲望如同一团烈火，柴放得越多，火烧得越旺，而火烧得越旺，人就越有添柴的冲动，于是人们奔来奔去、忙里忙外，火急火燎地把自己的生命匆匆“烧尽”了。

命运总是在满足一个人欲望的同时，塞给他一个更难填平的新的欲望。很多人最开始的时候并不贪婪，只是当他们发现前方拥有更多的名利财富时，不知不觉地选择了再走一步，就是这一步步，让人们越走越远，无法回头。

饮鸩不能止渴，快快从这乌烟瘴气的泥潭中脱身吧！

想抓住的太多，能抓住的太少

在佛理看来，人世中一切事、一切物都在不断变幻，没有一刻停留；万物有生有灭，没有瞬间停留。对这种现象，佛教中有一个形象的名词——无常。宋朝诗人苏东坡曾写过这样两句诗："人似秋鸿来有信，事如春梦了无痕。"国学大师南怀瑾先生认为这两句诗很好地说明了无常的现象，他对这两句诗的解释非常有趣，他说："人似秋鸿来有信，苏东坡要到乡下去喝酒，去年去了一个地方，答应了今年再来，果然来了。事如春梦了无痕，一切的事情过了，像春天的梦一样，人到了春天爱睡觉，睡多了就梦多，梦醒了，梦留不住，无痕迹。"

在《大智度论》中有这样一个关于海市蜃楼的故事：

在沙漠中有一座美丽的城堡。人们在太阳刚升起时，可以见到城门、望台、宫殿，以及来来往往的行人。可随着太阳的升高，城堡会慢慢消失不见。这其实是海市蜃楼，但总有人将它当作一个快乐的天堂，而不知道这只是沙漠中的幻象，根本不可得。

有一群从远方来的商人，无意间看到这座沙漠中的城堡，便想到那里做生意赚钱致富，于是他们飞快地赶去。可他们越接近城堡，就越是找不到。此时他们又渴又热又累，当他们看见热浪犹如奔驰的野马群时又以为是水，急忙向前奔去，同样他们仍一无所得。

渐渐地，他们疲乏到了极点，来到穷山狭谷中，忍不住大叫大哭。就在这个时候，他们听到自己的回音，误以为是有人在附近，于是又燃起一线希望，决定再打起精神继续向前走。走着，走着，他们走了很远仍看不到人的踪迹，于是愈走愈灰心。最后，他们猛然发现：他们追逐的只是幻象。当下，他们停止了渴求，恍然大悟。

荣华总是三更梦，富贵还同九月霜。这荣华富贵与沙漠幻城又有何异？名是缰，利是锁，尘世的诱惑如绳索一般牵绊着众人，一切烦恼、忧愁、痛苦皆由此来。任何东西都有代价，鱼上钩是鱼垂涎鱼饵的代价；被名利所蛊惑的心，往往要付出跳进陷阱的代价。乾隆皇帝下江南时，来到江苏镇江的金山寺，看到山脚下大江东去，百舸争流，不禁兴致大发，随口问道济和尚："你在这里住了几十年，可知道每天来来往往多少船？"道济和尚回答："我只看到两只船。一只争名，一只夺利。"

名与利的供养真的是越多越好吗？未必。在佛祖看来，过于优渥的供养如芭蕉结子、竹子开花，不但于修行无益，反而会毁坏正法。修行人不要太在意物质的享受，那只会给修行带来阻碍。不追求官爵的人，就不因为高官厚禄而喜不自禁，不因为前途无望、穷困贫乏而随波逐流、趋炎附势。如果在荣辱面前一样达观，人也就无所谓忧愁。

慧忠禅师曾经对众弟子说："青藤攀附树枝，爬上了寒松顶；白云疏淡洁白，出没于天空之中。世间万物本来清闲，只是人们自己在喧闹忙碌。"世间的人在忙些什么呢？其实不外乎是名和利。万物清闲，人又何必为了争名夺利而使自己不得清闲呢？摆脱名利等外物的束缚，才能体会"闲看庭前花开花落，漫随天外云卷云舒"的惬意。

除去闲名，禅师本是和尚

古人有云："声名，谤之媒也。"意思是说人们常常为声名所累，这个声名即是人们常说的虚名。虚名者，有名无实，或要其名而不要其实之谓也。然而，就是有很多的人对此贪恋不已。比如，有些人已经是财大气粗的老板、总裁，却偏要花钱买个教授、研究员的头衔；有些人已经官至县长、市长，却还要顺手捎带个硕士、博士文凭。其实，虚名非福而是祸。宋襄公为虚名而祸国，慈禧太后为虚名而殃国；一些人为虚名滥上项目，动辄数亿、数十亿资金付诸东流；一些人为虚名投机钻营，损人利己。人们鄙视虚名，视虚名为国之敌、人之敌、己之敌，无论先贤今人，无一不告诫世人不要贪图虚名。

洞山禅师知道自己即将离开人世了，这个消息传出去以后，人们从四面八方赶来，连朝廷也派人赶来了。

洞山禅师走了出来，脸上洋溢着净莲般的微笑。他看着满院的僧众，大声说："我在世间沾了一点闲名，如今躯壳即将散坏，闲名也该去除。你们之中有谁能够替我除去闲名？"

没有人知道该怎么办，院子里一片沉静。

忽然，一个前几日才上山的小和尚走到禅师面前，恭敬地顶礼之后，高声说道："请问和尚法号是什么？"

话刚一出口，所有人都投来埋怨的目光，有的人低声斥责小和尚目无尊长，对禅师不敬，有的人埋怨小和尚无知，院子里闹哄哄的。

洞山禅师听了小和尚的问话，大声笑着说："好啊！现在我没有闲名了，还是小和尚聪明呀！"于是坐下来闭目合十，就此离去。

小和尚眼中的泪水再也止不住，流了下来。他看着师父的身体，庆幸在师父圆寂之前，自己还能替师父除去闲名。

过了一会儿，小和尚立刻被人围了起来，他们责问道："真是岂有此理！连洞山禅师的法号都不知道，你到这里来干什么？"

小和尚看着周围的人，无奈道："他是我的师父，他的法号我岂能不知？"

“那你为什么要那样问呢？”

小和尚答道：“我那样做就是为了除去师父的闲名！”

世上能做到舍弃名利的人有几个呢？在你面对各种诱惑之时，如何能够超越？生活像是一个圈，无论得到多少，最终还是会回到原点。古代圣贤教诲：“安贫乐道，恬于进趣，三辅诸儒莫不慕。”

虚名能为人带来一时的心理满足感，但它本身毫无价值、毫无意义，任何一个真正的有识之士，都不会看重虚名。为了虚名而争斗，是人世间各种矛盾、冲突的重要起因，也是诸多烦恼、愁苦的根源所在。历史上不少悲剧是因争名夺誉而起，人们只看到虚名表面的好处，却不知道，在虚名的背后，隐藏了很多辛酸和苦难。为了承受这么一个毫无价值的虚名，人们暗中钩心斗角，邻里打得头破血流，朋友反目成仇，兄弟自相残杀，被这些虚名所累，有什么好处？金银、名气固然重要，但是当离开人世时，这些都和我们没有任何的关联。

时下，人们追逐名利之心日盛，在利益的追逐中尔虞我诈，原本纯净的心在红尘俗世中日渐蒙尘。某一天，当你厌倦了钩心斗角的追名逐利，心生淡泊之意时，不妨褪尽名利心，任道心滋生，如陶渊明一般“采菊东篱下，悠然见南山”。

幸福的本质是实现，而不是占有

“清贫”的生活符合自然，尽量节约，崇尚朴实，是一种返璞归真的生活。或许会有人把“吝啬”等同于“清贫”，但两者的实质截然不同：清贫者追求的是一种简单的生活，尤其是家境较为宽裕的人，不花钱并不是因为舍不得；悭吝人是因为舍不得给自己，更舍不得给他人，所以才节省。

金钱是用来实现人的某种理想生活方式的一种手段，而许多人却把它当成了生活的全部。生活的目的远远超越物质的层面，人的内心深处都追求着精神的自由，没有精神做支撑，人就只是一具在人世间麻木地行走的躯壳而已。在这个世间生活的人，都是在实现着一种理想的生活方式或者内心信仰，如此说来，金钱远远支撑不了世人的生活。

珠光宝气并不是高贵的象征，人之所以高贵，更重要的是因为内在的气质和品格，而非外在的浮华。

一个皇帝想要整修京城里的一座寺庙，他派人去找技艺高超的设计师，希望能够将寺庙整修得美丽而又庄严。后来有两组人员被找来了，其中一组是京城里很有名的工匠与画师，另外一组是几个和尚。皇帝不知道到底哪一组人员的手艺比较好，所以决定比较一下。他将两组人分别带到需要整修的小庙，并给了同样多的钱让他们随意支配。

工匠买了一百多种颜色的漆料，还有很多工具；和尚只买了抹布与水桶等简单的清洁用具。

三天之后，皇帝来验收。他首先看了工匠们所装饰的寺庙——一座被装饰得五颜六色、金光璀璨的寺庙。

皇帝满意地点点头，接着去看和尚们负责整修的寺庙。他看一眼就愣住了——和尚们所整修的寺庙没有涂任何颜料，他们只是把所有的墙壁、桌椅、窗户等都擦拭得非常干净，寺庙中所有的物品都显出了它们原来的颜色，而它们光亮的表面就像镜子一般，映照着外面的色彩。天边多变的云彩、随风摇曳的树影，甚至是对面五颜六色的寺庙，都变成了这个寺庙美丽色彩的一部分。在正殿中，很多香客在虔诚地向佛祖跪拜。

皇帝问和尚："你们把钱花在哪里了？"

和尚合掌回答："陛下，那些接受了您施舍的流浪者，正在佛前为您祈福！"

皇帝被深深地震撼了。

和尚修整的没有任何装饰的寺庙似乎有一种神奇的魔力，如同镜子一般光亮的表面映照着外面的色彩，更折射出朴素到极致的美丽。

这则禅宗故事告诉我们：极致的朴素也可能是极致的美丽，时尚华丽固然吸引人的眼球，朴素淡然也同样精彩。和尚们用最简单的方法完成皇帝的任务，却把更多的福泽与需要者分享。唯有自己朴素、简单，才会有更多的东西给人；如果自己浪费了、享受了，能给人的东西就减少了。在这个故事中，金钱充当了实现善施的道具。

从事佛学研究及教学、弘法的知名法师济群法师说过："佛法认为，解脱痛苦的方法，首先是了解痛苦的现状，然后，由此寻找痛苦之源。人类痛苦固然与外在环境有关，究其根源，还是生命内在的问题。从般若思想来看，一切痛苦都是对'有'（存在）的迷惑和执着造成，想要摆脱痛苦，必须对存在具备正确认识。"

与其在眼花缭乱的花花世界中迷失了方向，不如做个清淡、简朴的清贫者，实现自己理想中的生活，清心少欲，在朴实、简单的生活中安定下来，不随物质世界颠倒起伏。

取舍都是为了心的快乐

"舍得"一词出自《佛经·了凡四训》，是禅的一种哲理。在佛家看来，在舍得之中世间万物达到了和谐统一。在古代，"舍"曾被视为一种处世态度；现如今，"舍"却成了不上进的表现。的确，人往高处走，水往低处流。人应有理想有追求，但是我们不仅仅要有追求，也要学会有所舍。因为，太盛的物欲会让人起贪念，而贪念又是一切恶行的起源之一。古人说："养心善莫寡欲。"而对财色的过分追求犹如舔刀口之蜜，为一甜而受割舌之害。世事并不总尽如人意，因此，生活就是一连串取舍的过程，有取就有舍，有舍才有得。懂得用心取舍的人，才能选择最适合自己的生活，才能获得心的快乐。

生活有时需要我们做出选择，但什么才是最难舍弃的，是一种道义，还是一段感情？为什么不能抛开和牺牲一些东西，而去获得另一些永恒呢？

《百喻经》里有一个故事，从前有一只猩猩，手里抓了一把豆子，高高兴兴地在路上一蹦一跳地走着。一不留神，手中的豆子掉落了一颗，为了这颗掉落的豆子，猩猩将手中其余的豆子全部放置在路旁，趴在地上，转来转去，东寻西找，却始终不见那一颗豆子的踪影。

最后猩猩只好用手拍拍身上的灰土，回头准备拿取原先放置在一旁的豆子，怎知原先那一把豆子已被路旁的鸡鸭吃得一颗也不剩了。

想想我们现在，是否也放弃了手中的一切，仅仅为了追求“掉落的那一颗豆子”？

失去某种心爱之物大都会给我们的心理造成阴影，有时甚至因此而备受折磨。究其原因，就是我们没有调整心态面对失去，没有从心理上承认失去，而沉湎于已不存在的过去，没有想到去创造新的未来。与其怀恋过去,不如抬起头,去争取未来。放弃一些烦琐，是为了轻便地前行；放弃一丝怅惘，是为了轻快地歌唱；放弃一段凄美，是为了美好的梦想。

我们心中的欲望像是看见红色斗篷的斗牛，他人暴富的经历，让我们血脉贲张、跃跃欲试；时尚名牌漫天飞，哪能心如止水；美女香车招摇过，我们的心早已蠢蠢欲动；更不能忍受的是别墅洋房的诱惑。因此，很多时候，我们被世上的名利、金钱、物质所迷惑，心中只想得到，只想将其统统归为己有，而不想舍弃。于是心中充满了矛盾、忧愁、不安，心灵上承受了很大的压力，以至于活得很累。《出曜经》中“佛度悭贪长者”的故事说的正是这种因不舍而矛盾忧愁的人。

从前，在舍卫城住着“最胜”和“难降”两位长者。他们富可敌国，但异常悭吝。他们给自己的家设了森严门禁，禁止乞丐入内，还用铁网围遮房屋以防止飞鸟来啄食稻谷，用铁墙壁避免老鼠凿墙进入房中咬坏器物。

当时，佛陀的五大弟子都无法度化这两位悭吝的长者。佛陀得知后，便亲自在两位长者面前显示神通，并且放大光明，为长者宣说微妙圣法。可是，两位长者仍然无法理解佛法大义，只是觉得不能让佛陀空手而归，于是决定用一条白毡布来供佛陀。

悭吝的“最胜”长者挑了一条差的毡布，拿出来后却发现变成了上等的毛毡。长者十分不舍，于是又转回库房挑了一条次等毡布，可取出一看，又变成极好的毛毡。如此，无论长者如何挑选，他最后拿在手上的毡布都比他原本挑选的要好。悭吝的长者在布施与悭吝之间犹豫不决。

恰在此时，天上的阿修罗与忉利天人正在交兵，双方各有占上风的时候。佛陀得知长者的悭贪心与布施心正在交战，于是说了一首偈子：“施与战同处，此德智不誉。施时亦战时，此事二俱等。”

“最胜”长者听到佛陀所说的话，感到十分惭愧，认识到自己应当改吝向善，于是挑选了一条上等毡布来供养佛陀，而“难降”长者也至诚供养佛陀五百两金。

摆脱了与悭贪交战的两位长者，因施得福，领悟了佛陀的妙法。

佛家认为，悭贪不舍会让人心清明的自性受蒙蔽，而只有放下悭贪的执着，才能让心宽广起来。这就是这个故事告诉我们的道理。

诚然，人不能没有欲望，没有欲望就没有前进的动力；但如果不舍弃过度的欲望，就会陷入欲望的沟壑，给自己带来无穷无尽的烦恼和麻烦。生命属于个人，每个人都有权设计自己的生活和道路。所有的心愿，只要符合法律和道德的要求，都应该得到尊重。我们必须明白：在生命中，一切物质及肉体都是不可靠的奴仆，想让自己得以升华，就必须舍弃这些本性之外的东西，去追求生活本身的淳朴，这样才能活得惬意，活得洒脱。

轻囊致远，静心久行

在匆忙的现代社会中，人们面临着前所未有的机遇，也身处在前所未有的困境之中。忧郁、迷茫、烦躁、冷漠，当灵魂将这些厚厚的外衣一件件穿上的时候，我们最终只会窒息。有些许禅悟的人们，不能再做一只挣扎的困兽，而要做一只展翅的大鹏，掌控自己的翅膀与命运！绝云气，负青天，击水三千，扶摇而上九万里！

我们生活在这个世界，最难做到的无疑就是放下，自己喜爱的固然放不下，自己不喜爱的也放不下。爱憎之念常常霸占住我们的心房，哪里能快乐自主呢？

情能否放得下？人世间最说不清、道不明的就是一个“情”字。凡是陷入感情纠葛的人，往往容易失控。若能在情方面放得下，可称是理智的“放”。

成败能否放得下？李白在《将进酒》诗中说：“天生我材必有用，千金散尽还复来。”如能在成败方面放得下，那可称得上是非常潇洒的“放”。

名能否放得下？高智商的人，患心理障碍的比率相对较高。原因在于他们一般喜欢争强好胜，对名看得较重，有的甚至爱

“名”如命，累得死去活来。倘若能对名利放得下，就可称得上是超脱的“放”。

忧愁能否放得下？现实生活中令人忧愁的事实在太多了，就像宋朝女词人李清照所说的：“才下眉头，却上心头。”如果能对忧愁放得下，那就可称得上是幸福的“放”。

懂得放下的人是智慧的，理智的“放”、潇洒的“放”、超脱的“放”、幸福的“放”，无论是哪一种放下，都会获得自在。很多人总是抱怨自己很累，身体累，心也累，总之就是疲惫不堪。那是因为我们的身心被自己分裂成了两块，甚至更多块。

人生在世，就像一次旅途，装的东西太多，就会走不动，那还怎么去更远的地方看更好的风景？轻囊才可致远，静心方能行久。

别为了流泪，而错过满天繁星

印度大诗人泰戈尔的这句诗相信很多人都听过，他用如此优美而隽永的诗句提醒我们：如果我们一味地沉湎于过去的得失、悲伤，那么今天的、将来的美丽，都将与我们擦肩而过。

一天，佛陀刚刚用完午餐，一位商人就来请求佛陀为他除惑解疑，指点方向。佛陀将商人带入一间静室，十分耐心地听他诉说自己的苦恼和疑惑。

商人诉说了很久，他所说的都是对往事的追悔。最后，佛陀示意他停下来，问他：“你可吃过午餐？”

商人点头说：“已吃过。”

佛陀又问：“炊具和餐具可都收拾得干净完好？”

商人忙说：“是啊，都已收拾得很完好了。”

接着，商人急切地问佛陀：“您怎么只问我不相关的事呢？请您给我的问题一个正确答案吧！”

佛陀却对他微微一笑，说："你的问题你自己已经回答过了。"接着就让他离开静室。

过了几天，那位商人终于领悟了佛陀的道理，来向佛陀致谢。

佛陀这才对他及众弟子说："若是对昨天的事念念不忘、追悔烦恼，我们很可能成为一棵枯草！"

谁又愿意做一棵枯草呢？

商人时时刻刻把过去的苦恼记在心上，满心忧愁，看似一团乱麻，毫无头绪，其实，当佛陀问起他生活中种种琐碎的烦恼如何解答时，他自己已给出了答案：饿了就去吃饭，吃完饭就洗碗。这是再正常不过的行为，却蕴含着最智慧、最深刻的道理：当下，才是一切。

我们常听到人们哀叹："要是××就好了！"这是一种明显的内疚、悔恨心理。内疚、悔恨看似是对往事的过多关注，其实更是对当下问题、烦恼的逃避。对大部分人而言，由于无法体味平常生活的真味，因此对吃饭、洗碗、工作、学习这样的琐事甚为反感，宁愿把时间花在回忆过去的欢歌笑语、伤心眼泪中。只是，他们追忆、缅怀的，不正是和朋友、爱人一起开心地吃饭、洗碗的日子吗？他们悔恨的，不也正是没有珍惜昨天的时光，把工作、学习做好，才让今天的生活一团糟吗？

追忆、悔恨不能解决任何问题，我们不该过分地为曾经的快乐陶醉，也实在没有必要为过去犯过的错误而不停地谴责自己。不管过去发生过什么，是大幸还是大悲，是时光的激荡抑或是岁月的捉弄，都已然成为可被诉说却无法追回的过往，我们只能当作经验来总结，而不能作为绳索将自己捆绑。这就像爬山，如果总是回顾身后，那么爬山不仅不会成为一件有益身心的快乐运动，反而会成为一个痛苦煎熬的过程。爬到最后，感受到的恐怕不是山顶上亮丽的风景，而是自己沉重的喘息和疲倦的心灵。

着眼于现在，看看自己能做什么，该做什么，才能在错过太阳后，不错过群星的璀璨。

有一学僧对云居禅师说："弟子每做完一件事就总是不胜懊悔，这是为什么呢？"

云居禅师道："你且先听我的十后悔：逢师不学去后悔；遇贤不交别后悔；事亲不孝丧后悔；对主不忠退后悔；见义不为过后悔；见危不救陷后悔；有财不施失后悔；爱国不贞亡后悔；因果不信报后悔；佛道不修死后悔。以上这十种后悔，你是哪种？"

学僧想了想说道："看起来这些后悔，都是我的毛病！"

云居禅师道："你既知道是毛病，就要火速治疗呀！"

学僧问道："我就是因为不懂得治疗，所以恳请师父慈悲开示！"

云居禅师开示道："你只要把十后悔中的'不'字改为'要'字就可以了，即'逢师要学，遇贤要交，事亲要孝，对主要忠，见义要为，见危要救，得财要施，爱国要贞，因果要信，佛道要修'。这一服药，你好好服用！"

原来，只要变"不"为"要"，在当下积极践行，即可治愈我们的悔恨。

既然已知逝去的如昙花一现，转瞬成灰，只能刻在记忆中，那聪明的你，还不赶快擦擦眼泪，于当下的"吃饭""洗碗"里收获充实、安宁，于今天的充实、安宁里看自己生命里的满天繁星。

第四章
珍惜：低下头来，就能看到满地阳光

放下过去未来，领悟此刻的珍贵

佛陀告诉我们，人只能生活在今天，也就是现在的时间中，谁都不可能退回昨天或提前进入明天。昨天是存在过的，不可及；明天仅是可能存在的，同样不可及。

对于过去发生的事情，我们无能为力；至于未来，它还没有发生，关于它的一切不过是我们的想象。只有此刻，才是最真实的；也只有抓住此时此刻，才算是抓住了自身最宝贵的财富。

生命之所以是人最贵重的财富，是因为生命不能重来。浪费一天或一小时，一分一秒，都是浪费了最宝贵的“当下”的生命。

日本的亲鸾上人9岁时就已立下出家的决心，他要求慈镇禅师为他剃度，慈镇禅师问他说：“你还这么年少，为什么要出家呢？”

亲鸾说：“我虽年仅9岁，父母却已双亡，我不知道为什么人一定要死亡，为什么我一定要与父母分离，为了探究这层道理，我一定要出家。”

慈镇禅师对他的志愿赞许有加，说道：“好！我明白了。我愿意收你为徒，不过，今天太晚了，待明日一早，我再为你剃度吧！”

亲鸾听后，非常不以为然地说道：“师父！虽然你说明天一早为我剃度，但我终是年幼无知，不能保证自己出家的决心持续到明天，而且，师父！你年事已高，也不能保证自己明早起床时还活着。”

慈镇禅师听了这番话后，拍手叫好，并满心欢喜地说道：“对的！你说的话完全没错。现在我就为你剃度吧！”

很多时候，我们并没有亲鸾这样的勇气，在当下就决断，而是喜欢拖延，将今天的事情交给明天。我们总是借口有明天，等到了明天时，因为有今天的事情拖拉，明天的事情又会拖到后天。后天如果再偷个懒，就连昨天的事情也完不成，这样恶性循环下去，人就总是在今天完成以前的事情，并且越积越多，从而被一大堆事情所拖累，也将自己的生活弄得一团糟，幸福也在不知不觉中溜走。

生命是虚无而又短暂的，在于一呼一吸之间如流水般消逝，永远不复回。一个人只有真正认清了生命的意义和方向，好好地活着，将生命演绎得无比灿烂、无比美丽，才是真正懂得善待自己的人。

别让自己沉迷于过去

漫步人生，我们难免会经历风吹雨打，心中多少会留下一些痛苦的回忆。我们要总结昨天的失误，但不能对过去的失误和不愉快耿耿于怀。伤感也罢，悔恨也罢，都已经成为不能改变的过去。

很多人只懂得为错过的太阳流泪，却眼睁睁地看着群星从眼前消失，最后，一切都成云烟。如果总是背着沉重的怀旧包袱，为逝去的流年感伤不已，就只会白白耗费眼前的大好时光，也就等于放弃了现在和未来。抛开过去，让一切在今天全部归零，我们才能整装待发，快乐出行。

逝去的如昙花一现，转瞬成灰，刻在记忆中；未来如雾里看花，虚虚实实无法把握，所以聪明的人会认真把握转瞬即逝的现在。珍惜此刻拥有的一切，享受现时的平安和喜乐，才能得到幸福。

不管过去发生过什么，是大幸还是大悲，是时光的激荡抑或是岁月的捉弄，都已成为可被诉说却无法追回的过往，我们只能当作经验来总结，而不能作为绳索将自己捆绑。这就像爬山，如果总是回顾身后，那么爬山不仅不会成为一件有益于身心的快乐运动，反而会成为一个痛苦煎熬的过程。爬到最后，感受到的恐怕不是山顶上瑰丽的风景，而是自己沉重的喘息和疲倦的心灵。

我们不能活在过去，而是要做好今天的事情，认真过好每一个今天。

积极的后悔

生活中，我们难免会做出一些令自己后悔的事情。后悔是一个人做了错事之后正常的心理状态，但是，后悔过度，就会变成一种心理负担。对生活计较太多,就会深陷后悔的阴影之中。

许多事情做了后悔，不做也后悔；许多人遇到要后悔，错过了更后悔；许多话说出来后悔，说不出来也会后悔。人的遗憾与后悔心理仿佛是与生俱来的，但是，过去的事已经过去，无法挽回，昨日的阳光再美，也无法移入今日的画册中。古人说“覆水难收”，实际蕴含了昨日不再、悔恨无益的深刻智慧。

佛经云：“菩萨畏因，众生畏果。”意思是，众生总是见了果报才会后悔，如能够事先予以肯定，就不会有后悔了。

谁都想此生了无遗憾，谁都希望自己所做的每一件事都正确，可这只能是一个美好的幻想，人不可能不做错事，不可能不走弯路。做了错事，走了弯路之后，有后悔心理是很正常的。这是一种自我反省，是自我解剖与抛弃的前奏曲，正因为有了这种“积极的后悔”心理，我们才会在以后的路上走得更好、更稳。

要想让“后悔”具有积极的力量，首先就要坦然面对现实。

人的一生充满了许多未知，这些因素大致可以分为两类：一类是可变的，我们可以通过自身的努力，或改变一定的条件而使之转化；另一类是无法改变的既成事实，无论我们作出何种努力，也无法改变已经发生的事实。当我们面对后者时，就得面对现实，做出积极乐观的反应，这才是一种可取的态度。

其次，不要为做了一件错事羞愧万分、一蹶不振，或自惭形秽、自暴自弃。要知道，生活没有返程票，世上亦没有后悔药。

再次，好好把握现在，珍惜此时此刻的拥有。

最后，豁达一点，学会原谅自己。

不为无法更改的过去徒然悔恨，时光宝贵，为过去多后悔一秒，就少了一秒创造未来的时间。与其为不可更改的事原地嗟叹，不如振奋精神，为了可以改变的未来行动起来。

将全部的能量集中于当下

石屋禅师偈子有云：“过去事已过去了，未来不必预思量；只今便道即今句，梅子熟时栀子香。”过去、现在、将来，看起来这三者关系密切，统统都需要我们关心。细细琢磨，则不难发现这种关心是毫无意义的。枝头的梅子没成熟时，你做什么能使它成熟？窗下的栀子没有花苞，你又能做什么使其花满枝头？

该做什么就做什么，不为昨天的事犯愁，也不为未来的事烦忧。活在当下，做好力所能及的事情，才能活得轻松，活得真实。

弘一法师的一生非常精彩，这与他活在当下的生活态度是分不开的。夏丏尊先生曾经指出法师做人的一个特点是“做一样，像一样”：

少年时做公子，像个翩翩公子；中年时做名士，像个风流名士；演话剧，像个演员；学油画，像个美术家；学钢琴，像个音乐家；办报刊，像个编者；当教员，像个老师；做和尚，像个高僧。弘一法师何以能够做一样像一样呢？就是因为他做一切事都认真地、严肃地、献身地做。

弘一法师做名士时，洒脱无羁，做就做个彻彻底底的名士；等做了和尚，以往的红尘旧事，统统抛诸脑后，无牵无挂芒鞋禅杖走天涯。做名士时他不会想着这样的生活有多么不好，需要清静自身云云，做了和尚也不会整天怀想温柔乡里的故事。

遗憾的是，现实中的大多数人都无法专注于“现在”，他们总是想着明天、明年甚至下半辈子的事，将力气耗费在未知的未来，却对眼前的一切视若无睹。

灵佑禅师住持沩山后，收了两位高足，即仰山与香严。

在禅堂内，灵佑禅师对他俩说：“无论过去、现在和将来，佛理都是一样，每个人都可以找到解脱之道。”

仰山问：“什么是人人解脱之道？”

灵佑禅师回头看看香严说：“仰山提问，你为什么不回答他？”

香严说：“如果说过去、现在和将来，我倒是有个说法。”

仰山问：“你有个什么说法？”

香严打了一声招呼就走出去了。

灵佑又问仰山：“他这样回答，合你的意吗？”

仰山回答：“不合。”

灵佑又问：“那你的意思是什么？”

仰山也告别一声就出去了。

灵佑禅师哈哈大笑，叹道："真是水乳交融啊！"

灵佑禅师和他的徒弟们，用活泼俏皮的方式说明了"人生无常"的道理。很多事情都不是我们能预料的，我们所能做的只是把握当下，珍惜拥有。当我们刻意去找幸福的时候，往往找不到，唯有让自己活在"现在"，全神贯注于周围的事物，幸福才会不请自来。在生活中，每个人都可以通过简单的练习训练自己，专注地活在当下：

一、安稳自在地走路，专注于每个步伐。

二、停下来，深入观察内心和周围正在发生的事。

三、转化过去的过失，转化对未来的焦虑和恐惧。

生活的真滋味，来自专注的心境。关注现在正在做的事、所在的地方、周围的人，全心全意地认真接纳、品尝、投入和体验这一切。没有过去拖在我们后面，也没有未来拉着我们往前，全部的能量都集中在这一时刻，不自苦、不自恼，也就没有为不干之事烦忧、苦恼的时间，生命便会具有强大的张力。

观照时间的本质：时间即财富

"朝看花开满树红，暮看花落树还空；若将花比人间事，花与人间事一同。"这首唐诗充满了禅机。早上花开，一树灿烂，可是晚上便花谢凋残，美景不再，再绚烂的花海也只在朝夕。人生百年，几多春秋，向前看，仿佛时间悠悠无边；猛回首，方知生命挥手瞬间。

两千多年前，先圣孔子在河边说道："逝者如斯夫，不舍昼夜。"水是不会倒流的，时间也不会重返，若想在每一天都获得充盈的快乐，就要有意识地珍惜从指间流过的每一秒钟。

有位参学僧来到一座大寺庙，由于寺大僧多，寺庙的厨房也很大，事务也多，典座负责厨房的各项事务。这位学僧看到，典座是个年纪很大的人，厨房内外一切事务无论大小都由他一人打点，十分勤劳。

一日，学僧看见典座在晒海苔。这些海苔由信众送来，为的是与寺里的僧人们结缘。这些湿漉漉的海苔必须及时在阳光下晒干，否则就会发霉。于是这位年老的典座独自一人顶着烈日，弯着腰晒海苔。学僧见状有些不忍，走到典座跟前劝道："这工作太辛苦，您年纪大了，还是叫年轻僧人来帮忙吧。"

典座没有停下手上的活，只是淡淡地说："别人不是我。"

"那何不等阳光小些呢？"

典座缓缓地说："时日已不多。"

时日已不多。时间就像是一阵风，来得快，去得也急；时间就像一页书，看得快，翻得也快；时间就像一匹良驹，跑得快，过得也快。生命易逝，我们有什么理由不珍惜时间呢？

时间是最平凡的，也是最珍贵的，金钱买不到它，地位留不住它，而且属于每个人的时间都是有限的。在佛法上时间是唯心的，不是绝对的，正如痛苦的时候，我们会感觉时间特别漫长，而幸福快乐的时候，则感觉时间转瞬即逝。每个人处境遭遇不同，从事的职业不同，追寻的理想不同，对时间的感受也不一样，时间对于不同的人有不同的意义：对于活着的人来说，时间是生命；对于从事经济工作的人来说，时间是金钱；对于做学问的人来说，时间是资本；对于无聊的人来说，时间是债务；对于学生来说，时间是资本，是命运，是千金难买的无价之宝。

没有人可以让过去的时日重来，回忆之所以美好珍贵，正是因为过往的一切不可复制。拥有再大的权势，也不能留住时间，也无法超越生死。因此，对于世间每一个人来说，时间是最公正的审判者，同时也是最无情的判决人。

时间最不偏私，给任何人都是二十四小时；时间也偏私，并非给所有人都是二十四小时。最吝啬时间的人，时间对他最慷慨；而慷慨放任时间流逝的人，最终会发现时间没有给予自己任何东西。抓住今天，不依赖明天，就能掌控财富，从而把握自己的人生。与其每天感叹时间的易逝，不如牢牢地把握时间，这样才能在有限的时间桎梏下获得最大的自由、最洒脱的幸福。

每一个现在都会引导未来

最值得我们珍视的是什么？是不可追回的过去吗？是遥不可及的未来吗？都不是。禅师们说，最值得我们珍视的就是当下的实在。《金刚经》中说："过去心不可得，现下心不可得，未来心不可得。"意思是说，一切众生的心都在变化中，就像时间一样，永远不会停留，永远把握不住，永远是过去的。刚说一声"未来"，它已经变成现在了，正要说现在，它却已经变成过去了。心不可得，一切感觉、知觉都留不住。

面对不能把握的时间，我们只能安住在当下的每一刻，不给自己制造多余的烦扰与牵挂。

浙江的法眼文益禅师去闽南参访途中遇雪，在地藏院中借住，其间与院主桂琛禅师言谈相契。雪停之后，文益前来告辞，桂琛禅师把他送到了寺门口，先说道："你平时常说'三界由心生，万物因识起'。"然后指着院中的一块石头说："你且说说，这块石头是在心内，还是在心外？"

文益回答道："在心内。"

桂琛问："一个四处行脚的出家人，为什么要在心里安放一块大石头呢？"

文益一时语塞，无法回答，便放下包裹，留在地藏院，向桂琛禅师请教。

一个多月的时间里，文益每次呈上心得，桂琛都对他的见解予以否定。直到文益理屈词穷，桂琛才告诉他："若论佛法，一切现成。"这一句话，使文益恍然大悟。

"若论佛法，一切现成"是修习佛法的一种境界，若能放下心上的"大石头"，放下人的妄想，便能于当下开悟。世人之所以有诸多烦恼负担，是因为心头的攀援太多，若能放下多余的妄想，关注眼前脚下，便能轻松自在。

我们身处的每一刻都在不断地流逝，成为过去，而且未来永远无法提前到来。就像走路需要一步一个脚印往前走，做事也必须从眼前入手，按部就班地做。

有个小和尚负责清扫寺院里的落叶，这是件苦差事，秋冬之际，每次起风，树叶总是随风飞舞。每天早上都需要花费许多时间才能清扫完树叶，这让小和尚头痛不已，他一直想找个好办法让自己轻松些。

后来有个和尚跟他说："你在明天打扫之前先用力摇树，把落叶都摇下来，后天就可以不用扫落叶了。"

小和尚觉得这是个好办法，于是隔天他起了个大早，使劲地摇树，以为这样就可以把今天和明天的落叶一次扫干净了，他一整天都很开心。

第二天，小和尚到院子里一看，不禁傻眼了，院子里如往日一样满地落叶。老和尚走了过来，对小和尚说："傻孩子，无论你今天怎么用力，明天的落叶还是会飘下来的。"

世上有很多事是无法提前的，唯有认真地活在当下，才是最真实的生活态度。

著名的一行禅师曾经说过："生命的意义只能从当下去寻找。逝者已矣，来者不可追，如果我们不反求当下，就永远探触不到生命的脉动。"活在当下是全身心投入生活，将全部的精力都贯注到此时此刻，才能寻找到生活的意义。

如果我们去除心中的杂念，用心体会当下的这一刻，就会发现在这一刻没有任何思绪，无知无求，达到了一种无心自在的境界。

活在当下，并非不回忆过去，不展望未来，而是专注于每一件事，用全部心思做好当下的每一件事。每一个现在都会引导未来，所以，失去了此刻，就相当于失去了未来；把握此时，才能创造出好的未来。

日日是好日，每一天都过得富足

禅宗说"日日是好日",就是要让每一天都充实无憾地度过。须知，一生的幸福也往往来自每一天快乐的积累。

如何才能过好每一天的生活呢？每日说好话，每日行善事，每日常反省，每日多欢喜，只有在今天时把今天过好，在明天时把明天过好，才能一月一月、一年一年地过好，才会一生过好。

一个人在生活中能做到平静无为，对任何境遇都保持一种平衡的心态，就能达到"日日是好日"的理想状态。平静无为不是叫人一无所争，也不是让人完全不顾物质上的自足，而是要人看淡贫富，不为外界遭遇所动。

生活里或好或坏的境遇，是对我们人格与修养的考验。一个贫穷的人，可以在这里学到悲观、厌世、自暴自弃、怨天尤人，也能够学到豁达、通透、激励、勤奋；而富人则可以在这里学到骄傲、自大、得意、粗俗，但也可以学到感恩、知足、回报、幸福。这其中的关键在于我们想怎么学，无论穷富都能保持恒定的心理状态，就能大大地提高自己的教养。

一个人若能超脱欲望的需求而追求品德的完善，能够放下世间的一切假象，不为虚妄所动，不为功名利禄所诱惑，他才能体会到自己的真正本性，看清本来的自己。

人在面对财富时要有智慧，这种智慧并不是指读书识字的智慧，而是追求道德修养完善的智慧。凡追求人格高尚者都信仰“人到无求品自高”，这样的人能够遵循人格的要求，有所为，有所不为，能够“不降其志，不辱其身”。他能把大富大贵的日子过得非常有意义，无论是在精神上还是在物质上，都不忘向那些需要帮助的人布施；同样，他也能把劳心劳力的日子过得非常愉悦，并引导他人获得心灵的释放。

一位佛学大师说：“心灵富有最重要，若囿于物质欲望，即使拥有再多，也会觉得不够，这就是贫穷；反之，物质生活清贫，并不影响心灵的充实，知足而能自在付出，就是真正的富有。”这句话强调的便是心灵富有、人格富有，比任何富足都重要。

怎样保持人格的富有，把生活的每一天都过得有意义呢？

一、晨起着衣之前，燃香静坐。

二、定时休息，定时饮食；饮食适量，绝不过饱。

三、以独处之心待客，以待客之心独处。

四、谨慎言词，言出必行。

五、把握机会，不轻易放过，凡事须三思而行。

六、已过不悔，展望将来。

七、要有英雄的无畏，赤子的爱心。

八、睡时好好睡，要如长眠不起；醒时立即离床，如弃敝屣。

可以把这八个守身度日的原则归纳为：修好身、做好人、说好话、睡好觉。如能将这些方法原原本本地施用到我们的现实生活中，那么生活处处都能听到好消息，日日都是好日子。

若能做到无为、无争、不贪、知足，从容面对生命中的每一天，保持对名利的淡泊心，对屈辱的忍耐心，对他人的仁爱心，做好每天当做之事，享受每一件事情带来的快乐，自然会有足够的力量来承担生活中永恒存在的挫折和痛苦，也自然能够获得更纯粹的幸福。

爱就在眼前，不错过一次擦肩

从前，有一座圆音寺，每天都有许多人上香拜佛，香火很旺。在圆音寺庙前的横梁上有只蜘蛛结了张网，由于每天都受到香火和虔诚的祭拜的熏陶，蜘蛛便有了佛性。经过一千多年的修炼，蜘蛛佛性增加了不少。忽然有一天，佛陀光临圆音寺，看见这里香火甚旺，十分高兴。离开寺庙的时候，不经意间看见了横梁上的蜘蛛。佛陀停下来，问这只蜘蛛："你我相见总算是有缘，我来问你个问题，看你修炼了这一千多年，有什么真知灼见。怎么样？"蜘蛛遇见佛陀很是高兴，连忙答应了。佛陀问它："世间什么才是最珍贵的？"蜘蛛想了想，回答道："世间最珍贵的是'得不到'和'已失去'。"佛陀点了点头，离开了。

一晃，两千年过去了。有一天，刮起了大风，风将一滴甘露吹到了蜘蛛网上。蜘蛛望着甘露，见它晶莹透亮，很漂亮，顿生喜爱之意。蜘蛛每天看着甘露很开心，它觉得这是三千年来最开心的几天。突然，又刮起了一阵大风，将甘露吹走了。蜘蛛一下子觉得失去了什么，感到很寂寞和难过。这时佛陀又来了，问蜘蛛："蜘蛛，这两千年，你可好好想过这个问题：世间什么才是最珍贵的？"蜘蛛想到了甘露，对佛陀说："世间最珍贵的是'得不到'和'已失去'。"佛陀说："好，既然你有这样的认识，我让你到人间走一遭吧。"

就这样，蜘蛛投胎到一个官宦家庭，成了一个富家小姐，父母为她取名蛛儿。一晃，蛛儿长到十六岁了，已经是个婀娜多姿的少女了，长得十分漂亮，楚楚动人。

这一日，新科状元甘鹿中士，皇帝决定在后花园为他举行庆功宴席。来了许多妙龄少女，包括蛛儿，还有皇帝的小公主长风公主。状元郎在席间表演诗词歌赋，大献才艺，在场的少女无一不被他吸引。但蛛儿一点儿也不紧张和吃醋，因为她知道，这是佛陀赐予她的姻缘。

过了些日子，说来也巧，蛛儿陪同母亲上香拜佛的时候，正好甘鹿也陪同母亲前来。上完香拜过佛，两位长者在一边聊天。蛛儿和甘鹿便来到走廊上聊天，蛛儿很开心，终于可以和喜欢的人在一起了，但是甘鹿并没有表现出对她的喜爱。蛛儿对甘鹿说："你难道不曾记得十六年前，圆音寺蜘蛛网上的事情了吗？"甘鹿很诧异，说："蛛儿姑娘，你很漂亮，也很讨人喜欢，但你的想象力未免太丰富了吧。"说罢，和母亲离开了。

蛛儿回到家，心想，佛陀既然安排了这场姻缘，为何不让他记得那件事，甘鹿为何对我没有一点儿感觉呢？几天后，皇帝下诏，命新科状元甘鹿和长风公主完婚；蛛儿和太子芝草完婚。这一消息对蛛儿来说如同晴天霹雳，她怎么也想不通，佛陀竟然这样对她。几日来，她不吃不喝，苦苦思索，灵魂即将出壳，生命危在旦夕。太子芝草知道了，急忙赶来，扑倒在床边，对奄奄一息的蛛儿说道："那日，在后花园众姑娘中，我对你一见钟情，我苦求父皇，他才答应。如果你死了，那么我也就不活了。"说着拿起宝剑准备自刎。

就在这时，佛陀来了，他对快要出壳的蛛儿的灵魂说："蜘蛛，你可曾想过，甘露（甘鹿）是由谁带到你这里来的呢？是风（长风公主）带来的，最后也是风将它带走的。甘鹿是属于长风公主的，他对你来说不过是生命中的一段插曲。而太子芝草是当年圆音寺门前的一棵小草，他看了你三千年，爱慕了你三千年，你却从没有低头看过它。蜘蛛，我再来问你，世间什么才是最珍贵的？"

蜘蛛听了这些话，一下子大彻大悟了，对佛陀说："世间最珍贵的不是'得不到'和'已失去'，而是现在能把握的幸福。"刚说完，佛陀就离开了，蛛儿的灵魂也回位了，她睁开眼睛，看到正要自刎的太子芝草，马上打落宝剑，和太子深情地拥抱在一起。

世间最珍贵的不是"得不到"和"已失去"，而是现在能把握的幸福。而这幸福，也许是在你身旁守候了几千年的因缘，也许是短短一瞬的擦肩。一个人越懂得去珍惜那些常人看来不值得珍惜，或者根本不会注意到的东西，就越懂得珍惜自己、珍惜家人、珍惜人生。而一个人只有真正懂得了珍惜，才能真切而完整地享受到那现在能把握的幸福。

佛陀曾说："前世五百次的回眸才换来了今生的一次擦肩！"古人也说："十年修得同船渡，百年修得共枕眠。"我们身边的一切都值得我们好好珍惜，妥善收藏。不仅仅是珍惜自身，更要去珍惜他人、珍惜身边的每一件东西、每一件事物，即使它现今已变得残旧或者失去了价值，但依然不要随便丢弃它，因为在你情绪低落，或是陷入人生低谷时，它也许会突然冒出来，给你一点指引或是真实的帮助。

把身边的一切都当成是那株守候了你三千年的小草，你才能真切地体悟当下的一切因缘奥妙，收获人生的曼妙美好。

第五章

宽忍：能让能忍，把倾斜的世界在心头放平

忍是心的雕刻刀

人人都知道“忍字头上一把刀”，“忍”是一件让人很难受的事情,脾气再好的人也有“眼里揉不得沙”的时候。然而“小不忍则乱大谋”,一个能忍耐的人才算有大能耐。小小一个“忍”字，是人一辈子的修行。

忍最基本的是耐心，无论做什么事情，都要有耐心。当年翻译经卷的法师，看到中国人有一种倔强的个性——忍，中国人什么都可以忍，连杀头也没有关系，都可以忍，只有侮辱不可以忍，因此，翻译经卷的法师就将这一名词译作忍辱。辱都能忍，那还有什么不能忍的呢？所以，忍辱是专对中国人倔强的个性翻译的，它原来的字义只是“忍耐”，没有辱的意思。其用意是告诉我们做小事情要有小的耐心，做大事情要有大的耐心。《金刚经》告诉我们：“一切法得成于忍。”没有忍耐，什么事情都不能成功。

忍耐是一种无畏的力量，就像水一样。水是忍耐的，但流水的力量最大,洪水泛滥,冲坝决堤,水滴石穿,水可以磨圆石棱。

山里有座寺庙，庙里有尊铜铸的大佛和一口大钟。每天大钟都要承受几百次的撞击，发出哀鸣，而大佛每天都坐在那里，接受千千万万人的顶礼膜拜。

一天深夜，大钟向大佛提出抗议说：“你我都是铜铸的，你高高在上，每天都有人向你献花供果、烧香奉茶，甚至对你顶

礼膜拜。但每当有人拜你之时，我就要挨打，这太不公平了吧！”

大佛听后思索了一会儿，微微一笑，然后安慰大钟说：“大钟啊，你也不必艳羡我。你知道吗？当初我被工匠制造时，一棒一棒地捶打，一刀一刀地雕琢，历经刀山火海的痛楚，日夜忍耐如雨点落下的刀锤千锤百炼才铸成佛的眼耳鼻身。我的苦难，你不曾忍受，我走过难忍能忍的苦行，才会坐在这里，接受鲜花的供养和人类的礼拜！而你，别人只在你身上轻轻敲打一下，就忍受不了，痛得不停喊叫！”

大钟听后，若有所思。

忍受痛苦的雕琢和捶打之后，大佛才成为大佛，钟的那点儿捶打之苦又算得了什么呢？忍耐与痛苦总是相随相伴，而这样的经历，往往能够将人导向幸福的彼岸。

真正的忍耐不仅在脸上、口上，更在心上，根本不需要忍耐，而是自然就如此，是不需要力气、分毫不勉强的忍耐。人要活着，必须以忍处世，不但要忍穷、忍苦、忍难、忍饥、忍冷、忍热、忍气，也要忍富、忍乐、忍利、忍誉，以忍为慧力，以忍为气力，以忍为动力，还要发挥忍的生命力。

无边的罪过，在于一个嗔字；无量的功德，在于一个忍字。忍，历来是中国文化的美德之一；忍，也是佛教认为最大的德行。充实的生命，幸福的人生，需要能够忍受寂寞，忍受他人的恶意羞辱，忍受生活的磨炼，在忍耐中坚强，在坚强中成长。等到我们终成大器时，才会发现忍字头上这把刀，原来是把最好的雕刻刀。

心不嫉，身无疾

嫉妒心是美好生活中的毒瘤，是修行者悲心与慧命的绊脚石。自己得不到，心中就好像有一股酸酸的味道，这便是放不下心，是嫉妒心。嫉妒别人委实是一种难受的滋味，虽然明白自己可能永远得不到对方的成果和美誉，嘴上却不肯承认，还试图从对对方的藐视或者打击中获得平衡，这种嫉妒心理百害而无一利。

嫉妒像是用冰凌磨制而成的冷箭，只在暗处偷袭，而不敢在阳光下发射；嫉妒是由阴谋捆绑而成的棍棒，只能在潜伏中抽打别人的影子，而从不能摆到台面上。

在嫉妒这种疾病面前，很多人都成了病人，不论家世地位，不论出身背景，很多人都躲不开这种疾病的侵袭。

佛经中记载了这样一则故事：

在远古时代，摩伽陀国有一位国王饲养了一群象。象群中，有一头象长得很特殊，全身白皙，毛柔细光滑。后来，国王将这头象交给一位驯象师照顾。这位驯象师不只照顾它的生活起居，还很用心地教它。这头白象十分聪明、善解人意，一段时间之后，他们已建立了良好的默契。

有一年，这个国家举行大庆典。国王打算骑白象去观礼，于是驯象师将白象清洗、装扮了一番，在它的背上披上一条白毯子后，交给国王。

国王在一些官员的陪同下，骑着白象进城看庆典。由于这头白象实在太漂亮了，民众都围拢过来，一边赞叹一边高喊着："象王！象王！"这时，骑在象背上的国王觉得所有的光彩都被这头白象抢走了，心里十分生气、嫉妒。他很快地绕完一圈，然后不悦地返回王宫。

一回王宫，他就问驯象师："这头白象，有没有什么特殊的技艺？"驯象师问国王："不知道国王您指的是哪方面？"国王说："它能不能在悬崖边展现它的技艺呢？"驯象师说："应该可以。"国王就说："好。那明天就让它在波罗奈国和摩伽陀国相邻的悬崖上表演。"

隔天，驯象师依约把白象带到那处悬崖。国王就说："这头白象能以三只脚站立在悬崖边吗？"驯象师说："这简单。"他骑上象背，对白象说："来，用三只脚站立。"果然，白象立刻就缩起一只脚。国王又说："它能两脚悬空，只用两脚站立吗？""可以。"驯象师叫白象缩起两脚，它很听话地照做了。国王接着又说："它能不能三脚悬空，只用一脚站立？"

驯象师一听，明白国王存心要置白象于死地，就对白象说："你这次要小心一点，缩起三只脚，用一只脚站立。"白象也很谨慎地照做了。围观的民众看了，热烈地为白象鼓掌、喝彩！国王愈想心里愈不平衡，就对驯象师说："它能把后脚也缩起，全身飞过悬崖吗？"

这时，驯象师悄悄对白象说："国王存心要你的命，我们在这里会很危险，你就腾空飞到对面的悬崖上吧！"不可思议的是，这头白象竟然真的把后脚悬空，飞了起来，载着驯象师飞越悬崖，进入波罗奈国。

波罗奈国的人民看到白象飞来，全城都欢呼起来。波罗奈国的国王很高兴地问驯象师："你从哪儿来？为何会骑着白象来到我的国家？"驯象师便将事情经过一一告诉国王。国王听完之后，叹道："人的心胸为什么连一头象都容纳不下呢？"

嫉妒是一种危险的情绪，它源于人对卓越的渴望与心胸的狭窄。嫉妒可以使天才落入流言、恶意和唾液编织而成的网中被绞杀，也可能令智者陷入个人与他人利益的冲撞中而寻不到出路。它不但损害他人，也毁灭嫉妒者自己。

产生了嫉妒心理并不可怕，关键要看你能不能正视嫉妒，并将其转化为动力。与其让嫉妒啃噬自己的内心，不如升华它，把它转化为动力，化消极为积极，做一个"心随朗月高，志与秋霜洁"，虚怀若谷、包容万千的人。

和你的愤怒缔一个约

在贪、嗔、痴、疑、慢五毒中，“嗔”是烦恼毒的根源，所谓“一念嗔心起，八万障门开”。

生活中，很多人一旦心中有嗔、有怨、有恨，面色、言行上很快就会有所显露。修行之人要得心安，一定要把嗔心除掉。有些人没有表现贪欲，但嗔心很重。他不求名利、权势，也不想追求男色、女色，但对很多事情、很多人都看不顺眼。既然对任何事都怨愤不平，对任何人都持有对立的心态，心中哪还能安定？不如趁早和自己心里的愤怒缔结一个和平的契约吧！

在生活的旅途中，每个人都难免与周围的人有不同程度的磕磕碰碰，因这样的小事而起嗔心，不仅自己会钻进一个死胡同，影响与他人的关系，而且我们也会因此少很多快乐。我们要学会记住一些美好的东西，忘却自己的不满之心，如此便能活得自在、轻松，更能坦然地面对旅途中的风风雨雨。

一个人若能够妥善安顿好自己心里的嗔恨愤怒，时刻提醒自己以一颗宽容心对己对人，以一份豁达的心境面对周围的人与事，那么，这个人就能够除去很多烦恼，保持一颗宁静的心。布施心让人变得更加坚强，宽容心让人更加柔韧。坚忍是一种特质，像水一样，刀剑斩不断，绳索缚不住，牢笼困不得，却能穿石。

灭嗔心是修行的必经之路，如果能灭嗔心，就能修行一切善法。当嗔心的火熄灭时，对他人会生起慈悲心，会以关怀、原谅、同情的心对待彼此；当嗔心消灭时，对一切事物的决断，会以纯客观的智慧来处理，从而化解一切麻烦的问题。所以说一旦嗔心灭了，一切善法也就生了。

众生在修行之时要学会以豁达的心胸待人处世，不因人之犯己而动气，以祥和慈悲的态度面对一切事、一切人，能够在世事面前如流水一样，可方可圆、顺其自然，过幸福的人生。

先做牛马，再做龙象

西方有这样一首民谣：丢失一枚钉子，坏了一只蹄铁；坏了一只蹄铁，折了一匹战马；折了一匹战马，伤了一位骑士；伤了一位骑士，输了一场战斗；输了一场战斗，亡了一个帝国。

一枚小小的钉子，本来微乎其微，却决定了一个帝国的生死存亡。

生活中小小的细节往往能够决定许多重大事情的成败。从微小处开始精心打磨，是向成功之路迈出的第一步。

佛教经典中说："欲为诸佛龙象，先做众生牛马。"龙象是神佛的乘骑，牛马则是凡人的奴仆，虽然同是服务于人，但境界大不相同。

这句佛语箴言也道出一个处世真谛：与其常常抬头仰望光环炫目的大人物，不如踏踏实实地从众生牛马做起。攀爬是徐徐上升的轨迹，即使有时候速度不尽如人意，但是经过长年累月的积累，也必然能促进人的提升与完善。

俗话说，"玉不琢不成器"，也是说明这个道理。想拥有一件没有瑕疵的玉器，需要长期的精心雕琢与打磨，每个人都应该为自己的理想付出应有的努力。

眼光要放长远，但脚步要近，做人、做事、求学，都要放大眼光，但是不能好高骛远，脚步要从近处开始，要脚踏实地。虽然每个人心中都有一个成为龙象的愿望，但是从牛马做起，从低处做起，从细节做起，才会距离事业的巅峰更近一步。

一天黎明，佛陀进城，看见一名男子，向东方、南方、西方、北方礼拜着。

佛陀问他："你为什么这样做啊？"

那个男子说："我叫作善生，每天向各方礼拜，是家族传下来的习惯。据说这样做会得到幸福的。"

佛陀说："我也有六种礼敬的方法。"

接着，佛陀慈祥地说了获得幸福的方法："第一，孝顺父母，做儿女的要孝养、顺从自己的父母，令父母欢喜、安慰；第二，敬重师长，做学生的要敬重师长，接受教导；第三，爱护妻子，做一个好助手，夫妻要互相敬爱；第四，善待朋友，对待朋友要诚实、互敬；第五，尊敬僧众，对待僧人要布施、恭敬；第六，善待仆人，对待仆人要宽大，不要令他过于疲劳。这六种人是我们生活中的人物，和他们相处得融洽，会有快乐的家庭、美满的人生。否则，只是礼拜各方，又有什么用呢？"

善生听了十分高兴，从此参禅悟道，心中的幸福感日益增多。

佛陀所说的获得幸福的方法其实很简单，但是，这种简简单单的做人方法，世间众生谁能够完完全全地照做呢？

神照本如禅师曾做过一首禅诗："处处逢归路，头头达故乡。本来现成事，何必待思量。"当我们忽视了身边很多现有的小事时，又怎么能够奢望生活给予我们更多的恩赐呢？

先学做人，再学做佛，这是世间不变的真理；先做牛马，再做龙象，这也是颠扑不破的道理。

有辱能忍，才能随意屈伸

《佛说二十四章经》记载，沙门问佛陀说："什么人的力量强大？"佛陀回答说："忍辱的人力量强大。"

这个世界是不圆满的，不圆满就会有不如意，不如意就会有辱。在佛家看来，一切不如意就是辱，一切痛苦就是辱。谁都有辱，除了释迦牟尼佛。因此，忍辱是消除烦恼、获得快乐的绝佳方法，它是一种大度，是自我意志的磨炼，是一种自信心的表现，是一种成熟人性的自我完善，更是一种处世策略。

在中外历史上，为了实现理想，最能忍的要数春秋时的越王勾践。为了复国报仇，他以曾经的帝王之躯，屈膝为奴。

周敬王二十七年（前 493 年），越国被吴国打败，吴王夫差同意了越国的求和请求，但提出要越王勾践夫妻去吴国做人质。为了生存，更为了日后的复国大计，勾践遵照夫差的要求，前往吴国当人质。

到了吴国以后，勾践住低矮的石屋，吃糠皮和野菜，穿着连身体都遮不住的粗布衣裳，每天像奴隶一样，勤勤恳恳地打柴、洗衣、养猪，毫无怨言。

一天，勾践听说夫差生病了，就向太宰伯请求探望。伯奏请夫差，获得准许后，带着勾践来到夫差的病榻前。勾践一见到夫差，就赶紧伏地而跪，说："听说大王病了，我心中万分着急，特意奏请前来探望。大王对我恩宠有加，我略懂一些医术，可以为大王诊断病情，希望得到大王的允许，也可借此表我的效忠之心。"这时，正赶上夫差如厕，勾践等人都退到屋外，再次回到屋内时，勾践拿起夫差的粪便，放进嘴里仔细品味。品尝后，勾践伏地称贺："大王的病就要痊愈了。我刚才尝出大王的粪便是苦味，这预示您的病情要好转了。"

夫差很感动，当即表示：病好后便送勾践回国。

就这样，勾践以惊人的毅力和忍劲，忍耐了三年的屈辱折磨，尝尽亡国之君的种种辛酸，终于得以返回越国。回去后，勾践励精图治，最终打败吴国。

生活中，我们很少遇到勾践那样的大"辱"，然而小"辱"往往时有发生，我们应该如何去做呢？人生在世，总得有点追求。无论身处多深的苦难中，只要找到生存的意义，找到可以为之奋斗的目标，树立自己的理想，再大的困难也无法将你击倒。

为人处世，参透屈伸之道，自能进退得宜，刚柔并济，无往不利。能屈能伸，屈是能量的积聚，伸是积聚后的释放；屈是伸的准备和积蓄，伸是屈的志向和目的；屈是充实自己，伸是展示自己；屈是柔，伸是刚；屈是一种气度，伸是一种魄力。伸后能屈，需要大智；屈后能伸，需要大勇。屈有多种，并非都是胯下之辱；伸亦多样，并不一定叱咤风云。屈中有伸，伸时念屈；屈伸有度，刚柔并济。人生有起有伏，当能屈能伸。起，就起他个直上云霄；伏，就伏他个如龙在渊；屈，就屈他个不露痕迹；伸，就伸他个清澈见底。这是多么奇妙、痛快、潇洒的情境啊！

弯腰不是卑微，而是成熟

现实中，人们总会在一些事情上不经意表现出些许骄傲、自负，有几个人能把“弯腰”与“低头”的智慧牢牢记在心里呢？真正有学问、有能力的人，明明自己的修养与知识都在其他人之上，但是他每次总是谦虚地向别人请教，真正做到了“不耻下问”。曾经有人问柏拉图：“像您这样的大哲学家为什么还要那么谦虚呢？”柏拉图说：“据我所知，人的知识就像是一个圆圈，圆圈里面的是你已经知道的知识，圆圈外面代表的是你未知的知识。自己的圆圈越大的人越会发现自己的知识很不足。”这一点就像我们说的：越是成熟的稻穗越是往下弯腰，一个人越是成熟，他的态度就越是谦卑，但这并不表示他就是卑微的。

不能则学，不知则问。我们固然不是神通广大的超人，显然也不是博古通今的学者，为此，我们要向有能力的人请教，向知识丰富的人学习，千万不能因为自己满腹经纶而看不起别人的学识，也不能因为自己是无能之辈而小瞧自己。

隐峰禅师跟从马祖禅师学道三年，自以为得道，于是有些得意起来。他备好行装，挺起胸脯，辞别马祖，准备到石头禅师处一试禅道。

马祖禅师看出隐峰有些心浮气躁，决定让他碰一回钉子，从失败中获得经验教训，临行前特意提醒他：“小心啊，石头路滑。”这话一语双关：一是说山高路滑，小心被石头绊了栽跟头；二是说那石头禅师机锋了得，弄不好就会碰壁。

隐峰却不以为然，扬长而去。他一路兴高采烈，并未栽什么跟头，不禁更加得意。一到石头禅师处，隐峰就绕着法座走了一圈，并且得意地问道：“你的宗旨是什么？”石头禅师连看都不看他一眼，两眼朝上回答道：“苍天！苍天！”（禅师们经常用苍天来表示自性的虚空。）隐峰无话可对，他知道“石头”的厉害了，这才想起马祖禅师说过的话，于是重新回到马祖处。

马祖禅师听了事情的始末，告诉隐峰：“你再去问，等他再说‘苍天’，你就‘嘘嘘’两声。”石头禅师用“苍天”来代表虚空，到底还有文字，可这“嘘嘘”两声，不沾文字！真是妙哉！隐峰仿佛得了法宝，欣然上路。

他这次满怀信心，以为天衣无缝，还是做同样的动作，问了同样的问题，岂料石头禅师却先朝他“嘘嘘”两声，这让他措手不及。他呆在那里，不得其解：怎么自己还没嘘出声，就被噎了回来？

这次他没有了当初的傲慢，丧气而归。他毕恭毕敬地站在马祖禅师面前，听从教诲。马祖禅师点着他的脑门说：“我早就对你说过，‘石头路滑’嘛！”

“谦虚使人进步，骄傲使人落后。”这是再简单不过的道理，可连得道禅师都难免有自满的时候，我们普遍人就更要时时自省了。人外有人，天外有天。做事应当谦虚认真，不要满足于现状；处事要耐心谨慎，不能心浮气躁。你只有将自己的姿态放低，才能从别人那里学到智慧，从而丰富完满自己的人生。

别再不齿于自己低下的头颅和弯下的腰肢，你要明白，那压弯我们腰肢的并不是外界的金钱权势，而是我们自己成熟的智慧。

第六章
慈悲：心种菩提，学会疼惜大地

留几分菩萨心肠，滴水成海

人心宽广如海，妙用无穷。《华严经》上说："心如工画师，能画种种物。"心就像一个艺术家，可以呈现出美好或丑陋的种种变化。我们该如何对待这样一颗心呢？"广植净莲养身心"是黄檗禅师的回答，指我们要在心田里广植净莲，用清净呵护自心。而有了清净之心，自然就会有一双"无事手"，这无事之手，不单是用来修身养性，更是为了去做一个世间慈悲人。随口说好话，随时发善愿，随手替人服务，随时结善缘这份随时随地的慈悲，才是一颗真心、诚心、清净心的真正妙用。

当然，做人不见得就要强求自己有那样一颗至清至善的心，但至少也要留有几分菩萨心肠——暖人，也暖己。况且，菩萨心肠并不难行，有时，滴水就是慈悲。

滴水和尚十九岁时就在曹源寺出家，拜在仪山禅师门下。刚刚入寺修习时，他终日被派去打杂，给寺中僧人们烧洗澡水，时间久了，他渐渐不满于师父的安排。

一次，师父洗澡嫌水太热，就让他去提一桶冷水过来调和一下。滴水和尚便去提了凉水过来，他先将一部分热水泼在了地上，后来又把多余的冷水也泼在了地上，然后将水温调好。

师父严厉地斥责他说："你怎么如此冒冒失失！地上有多少蝼蚁、草根，这么烫的水泼下去，会烫死多少生命？而剩下的那些冷水，如果用来浇花育园，又能活多少草木？你若心无慈悲，出家又为了什么呢？”

滴水和尚听后恍然大悟，他明白了慈悲心在修禅过程中的重要意义，也明白了滴水之中蕴含着无限可能——可以生人，可以死物。珍惜滴水的能量，将它留给需要的人、物，就是真正的慈悲。自此，他以“滴水”为号，成为一代禅师。

这就是“曹源一滴水”的故事,但这“滴水”里蕴含的慈悲、智慧远不止如此。

弥兰王曾向那先比丘求道：“请问大师，世间哪里的水比大海之水更多呢？”

“比大海之水还要多的是佛法甘露的一滴水。”那先比丘回答说。

“为什么？”弥兰王百思不得其解。

那先比丘回答:“这一滴水，可以消除众生罪业，洗净身心，所以比大海之水更加有力、更加充沛。”

一滴水竟然比大海更加有力、充沛！这都是源于水里蕴含的无尽慈悲。这份慈悲，是延及所有生灵的。一株草、一枝花、一个人甚至延及水的内部，正如佛陀所言“一滴水中有四万八千虫”，一滴小小的水滴就是一片蕴含了无数生灵的慈悲之海。我们都知道“一花一世界，一叶一菩提”，但你是否知道，一水一慈海呢？倘若我们今天忽视了这片海，忽视了水中万虫和被水滋养的万物，那我们迟早也会忽视我们的亲人、朋友，甚至自己。

事实上，相对于芸芸众生、茫茫宇宙，我们又何尝不是水中之虫、再普通不过的花草呢？但是，无论我们多么卑微，在这个世界上都应该有属于自己的一席之地，都有权利得到别人的尊重。世间的生命原本就没有所谓的高、低、贵、贱之分，那些天上飞的、水中游的、陆上爬的、山中走的，每一个生命无不在以自己独一无二的生存方式体现着自己的美丽和存在价值，彼此和谐共鸣。我们感念一朵花开得不易，其实也是在缅怀自己奋斗的艰辛。

所以，试着去尊重吧！尊重那些不易和艰辛，为它们留几滴水，为自己留几分菩萨心肠，我们才能于这人间行脚中，走得安心、坦然，并收到一路的温暖回馈。

每一种选择，都会有回声

佛陀曾说："每个最细微的念头，都会结一个果。"万物处在因缘和合的尘网之中，此生彼生，此灭彼灭。我们今天的每个选择，也都将在冥冥中悄然沉淀、慢慢变化，最后总会还你一个或高亢或低沉的回声。

有一个孩子，不知道回声是怎么回事。一次，他独自站在旷野中，大声叫道："喂！喂！"

附近的小山立即有了回声："喂！喂！"

他觉得有趣，又叫道："你是谁？"

回声答道："你是谁？"

"明明是我先问你的，"他不满地喊道，"你是笨蛋！"

山那边立刻传来："你是笨蛋！"

孩子听了愈发生气，就和小山"对骂"起来。

小山一直"不肯让步"，孩子就气冲冲地跑回家跟母亲诉苦。

母亲告诉他："不如你试着跟它说说好话。"

孩子不太情愿，但还是听话地跑了出去。不一会儿，他开开心心地回来了："这次它一直夸我呢！"

"这就对了，"母亲语重心长地说，"在生活中，不论男女老幼，你对别人好，别人便会对你好；你对别人粗鲁，别人就不会对你友善。"

孩子用力地点了点头。

人与人之间正如这个孩子与山谷，你若予人满面春风，别人也会还你一脸和煦；你若对人恶语相向，别人也必然以牙还牙。这不仅是人际交往的普遍规律，也是天地万物间互动的基本法则："你给对方一个作用力，对方必然给你一个同等的反作用力。"

《史记》中载有一个关于大将吴起的故事：他爱兵如子，深得士兵们的爱戴。有一次，一个刚刚入伍的小兵在战争中负了伤，因战场上缺医少药，等到打完仗回到后方时，那位小兵的伤口已经化脓生疽。吴起在巡营的时候发现了，他二话没说，立刻蹲下来，用嘴为那位士兵吸吮伤口、消炎疗伤。那位小兵见大将军竟然如此对待自己，感动得热泪盈眶，说不出一句话。其他士兵看了，也深受感动，都在第二天的战斗中冲在最前面。

这个故事从侧面印证了每个选择、行为都有"回声"这一普遍规律。对于他人，假如你遇事往好处想，多感念别人的恩德，即使别人冒犯了你，也不介意，这样，别人自然会被你的诚意所感动，进而回报你以真诚；假如你遇事总往坏处想，以一种敌视的眼光看待别人，即使别人无意中冒犯了你，你也耿耿于怀，甚至伺机报复，那么别人回馈给你的，也只能是敌对和不满，哪怕别人一开始并没有这个意思。这样的人际关系和生活，该是多么糟糕！

但是，很多人会说"道理谁都明白，可我就是不愿意笑得更灿烂，待人更和蔼，助人更积极，反正我不做坏事就行"。殊不知，有时"眼见有善"可为而不为，与作恶无异。每声善良的呼喊，都有温暖的回应；每次邪恶的咆哮，都有愤怒的回答；每个漠然的沉默，也都有寒冷的回声在等着它。

有这样一则小故事：有个人拥有一匹马和一头驴子。一次他用马和驴子载着货物去远方做生意。由于驴子已经老了，驮不动那么多东西，就恳请马帮它分担一点，马断然回绝："我可没那么好心。”后来，驴子累死了，而马的背上多了驴子的全部货物，外加一张驴皮。

每种选择，都有回声，即使选择沉默也是一样。我们大部分人，是不是很像这匹“并未作恶”的马呢？只是，我们并不知道那些多余的负重会在哪里等着我们。

所以，选择助人为乐与人为善，不仅是一种慈悲，更是一种智慧。这种智慧不仅仅是发现了因果轮回而害怕，从而有目的地去行善，而是看穿了天地间的普遍规律而主动地投身其中，在与人为善中顺流而下，快乐而从容地平波万里。这也算是人间行脚中，一段难得的惬意而舒适的旅程了。

与人为善，就是予己立足

佛陀一直强调我们应该与人为善，因为与人为善不仅是慈悲的一个面向，更是一种莫大的人生智慧。有句话说得好：“幸福并不取决于你所拥有的财富、权力和容貌，而是取决于你和周围的人的相处。”古人也说“君子莫大乎与人为善”，一个人若是懂得行君子之善，宽厚待人，那他的人际关系自然就会和谐友好、充满温情，他也更容易获得别人的尊重和信任，获得更多通往幸福的机会。

有一个与人为善、助人为乐的小伙子，他的故事或许可以给我们带来一些启示。

那是一个极其寒冷的冬夜，路边一间简陋的旅店里迎来了一对儿上了年纪的客人。不幸的是，这间小旅店早就客满了。

“这已是我们寻找的第十六家旅店了，这鬼天气，到处客满，我们怎么办呢？”这对老夫妻发愁地说。

店里的小伙计不忍心这对儿老人出去受冻，便建议说：“如果你们不嫌弃，今晚就睡在我的床铺吧，我自己在店堂里打个地铺。”

老夫妻非常感激，第二天便要按照旅店的价格来支付他们的房费，可小伙计坚定地拒绝了。在他看来，这只是举手之劳，并没有什么需要感谢的。

临走时，老夫妻开玩笑地说：“你经营旅店的才能可以当一家五星级酒店的总经理。”

小伙计哈哈一笑，随口应道：“那真是太好了！起码收入多些，这样我就可以让我的母亲过得更好了。”

两年后的一天，小伙计忽然收到一封来自纽约的信，信中夹有飞往纽约的机票，是邀请他去拜访当年那对儿睡他床铺的老夫妻。当小伙计如约来到繁华的纽约后，老夫妻便把小伙计引到第五大街和三十四街交会处，指着那儿的一幢摩天大楼说：“这是一座专门为你兴建的五星级宾馆，现在我们正式邀请你来当总经理。”

这就是著名的奥斯多利亚大饭店经理乔治·波非特和他的“恩人”威廉夫妇的真实故事。

与人为善，即是予己立足。乔治·波非特用自己的善良抓住了属于自己的机会，一下把脚立在了最繁华的地方。也许有人会说他只是捡了个大便宜而已，我们不妨想想，威廉夫妇之前询问的那十五家旅店的伙计怎么就没捡到这个便宜呢？他们现在在做什么？也许还是旅店伙计吧。

佛门也有类似的故事。

一个寒冷的冬夜里，一个乞丐来到寺院找到荣西禅师，向禅师哭诉家中妻儿已经多日未能进食，眼看就要饿死了，不得已来请求禅师救助。

荣西禅师听完后非常同情他的遭遇，慈悲之心顿生。可是自己身边既无金钱，也没有多余的食物，该怎么办呢？他左右为难地环顾四周，突然，他看到了准备用来装饰佛像的金箔。于是，荣西禅师对乞丐说："把这些金箔拿去换些钱，给你的妻子孩子买些食物吧！"

等到乞丐离开后，一直站在荣西禅师旁边的弟子忍不住埋怨荣西禅师说："师父，您怎么可以对佛祖不敬呢？"

荣西禅师心平气和地对众弟子说："我之所以这么做，正是出于对佛祖的一片敬重之心啊！"

弟子愤愤不平："这些金箔本来是用来装饰佛像的，可您就这样送给了乞丐，我们要用什么来装饰佛像呢？这又怎么是敬重之心呢？"

荣西禅师正色道："平日里你们诵读的经文、修习的佛法都到哪里去了？佛祖慈悲，割肉喂鹰、以身饲虎都在所不惜，我们怎么能为了装饰佛身而置人性命于不顾呢？"

几年之后，禅师所在的寺庙因香火稀少而面临关闭的命运，一个富商捐助了许多银子才使之得以保存，而那个富商，正是当年的乞丐。

其实，更多的时候，行善并不必像荣西禅师那般献出装饰佛像的金箔，我们哪怕只是诚心地布施一粒米，都会有一寸天地作为报偿。

一个人在听了佛陀的宣讲之后，对佛陀说："等我以后有了钱，一定多多供养寺庙，做一些济世救人的事业。"

佛陀笑着说："等你有钱以后再行布施，那你永远不会有钱，也不会布施。"

那人奇怪："为什么呢？"

佛陀回答："因为富有从布施中来！"

"可是，"这个人面露难色，"佛陀，我很贫穷，连饭都吃不饱，该如何布施呢？"

佛陀从那人碗里夹起一粒米，语重心长地说："以一颗真诚恭敬的心去爱人，从一粒米的布施开始！"

一粒米，改变的不是别人的命运，而是自己的观念，而这观念，可以改变自己的命运，这才是佛陀说“行善从一粒米开始”的真义。与人为善，就是予己立足。所谓立足，不仅仅是一个保身的庇护、一个成功的机会，更是一份能让我们踏实行脚于人间的安稳。

人暖被子，还是被子暖人

世上只要有人的地方就有纷争，尤其是有“我”有“你”再加个“他”，你、我、他之间的纷争就更多了。可是，人与人之间，除了相互争斗，就没有其他的相处方式了吗？

佛陀慈悲，在人间降下阵阵法雨、片片香云，只为普度众生心头的冷漠和自私，但这远远不够，佛陀一个人无法改变整个世界，他更想将我们冰冷的身躯紧紧靠在一起，让我们从相互依偎中获取温暖，从而温暖整个人间。

在一座破旧的庙宇里，一个小和尚沮丧地对老和尚说：“我们这一座小庙，只有我们两个和尚，我下山去化缘的时候别人都对我恶语相加，经常说我是野和尚，给我们的香火钱更是少得可怜。今天去化缘，这么冷的天都没有人给我开门，化到的斋饭也少得可怜。师父，我们菩提寺要想成为你所说的庙宇千间、钟声不绝的大寺，怕是不可能了。”

老和尚什么话也没有说，只是闭着眼睛静静地听着。

小和尚絮絮叨叨地说着，最后老和尚睁开眼睛问道：“这北风吹得紧，外边又冰天雪地的，你冷不冷呀？”

小和尚浑身哆嗦着说道：“当然冷啦，双脚都冻麻了！”

老和尚说道：“那就早点睡觉吧！”

小和尚听话地钻进了被窝，过了一个多小时，老和尚问道：

“现在你暖和了吗？”

小和尚回道：“当然暖和了，就像睡在阳光下一样。”

老和尚道：“棉被放在床上一直是冰凉的，可是人一躺进去就变得暖和了，你说是棉被把人暖热了，还是人把棉被暖热了？”

小和尚一听，笑了：“师父你真糊涂呀，棉被怎么可能把人暖热了，是人把棉被暖热了！”

老和尚问：“既然棉被给不了我们温暖，反而要靠我们去暖它，那么我们还盖着棉被做什么？”

小和尚想了想说：“虽然棉被给不了我们温暖，可是厚厚的棉被却可以保存我们的温暖，让我们在被窝里睡得舒服呀！”

老和尚会心一笑，说：“我们撞钟诵经的僧人何尝不是躺在厚厚棉被下的人，而那些芸芸众生又何尝不是我们厚厚的棉被呢？只要我们一心向善，那么，冰冷的棉被终究会被我们暖热，而芸芸众生这床棉被也会把我们的温暖保存下来，我们睡在这样的被窝里不是很温暖吗？庙宇千间、钟声不绝的大寺还会是梦想吗？”

小和尚听了，恍然大悟。从第二天开始，小和尚很早就下山去化缘了，但依然碰到了很多人恶语相加，可是小和尚始终彬彬有礼地对待每一个人。十年以后，菩提寺成了有名的大寺，僧侣众多，香客更是络绎不绝，小和尚也成了远近闻名的住持。

这个老和尚的智慧和小和尚的笃行，实在是令人钦佩！

其实，我们都生活在红尘这床宽大、冰冷的棉被里，我们身边的每个人都是这棉被的一部分。当我们用心去温暖别人的时候，别人也会为我们保存这温暖，并持久地回馈我们。

有句话说得好，“送人玫瑰，手留余香”。布施、慈悲是双向的，温暖也是双向的。虽然社会依然很现实，生存的压力依然很大，人情世故依然显得冰冷，但只要我们忍得住盖上被子那一阵儿短暂的寒意，用我们的微笑、关切和友善去一点点暖着身边的人，终有一天，身边的一切都会被我们暖化、消融，融进我们的温暖里，成为温暖的一部分。到时候，每个人都是暖被之人，也都是暖人之被，每个人都会受到持续的庇护，那佛陀的法雨和香云，也就真的落在了人间，开出了完满。

善到极处，嗔痴也是慈悲

人生在世，难免有各种痴念，能够勘破这种痴迷，断然舍去，固然算得上智慧，但倘若我们换个思路，把这原本祸害我们的贪嗔痴的执念，扩大、转化为慈悲之心，那岂非更加接近佛陀的境界？

寺院里有一个老和尚带着一个小和尚。小和尚有很多贪嗔痴放不下，老和尚便时常耐心地点拨他。我们先来看看关于他们的三个小故事。

小和尚坐在地上哭，满地都是写了字的废纸。

“怎么啦？”老和尚问。

“写不好。”小和尚沮丧地回答。

老和尚捡起几张看：“写得不错，为什么要扔掉？又为什么哭？”

“我就是觉得不好。”小和尚继续哭，“我是完美主义者，一点儿都不能错。”

“问题是，这世界上有谁能一点儿都不错呢？”老和尚拍拍小和尚，“你什么都要求完美，有一点儿不满意，就生气，就哭，这反而是不完美了。”

说完，老和尚又在小和尚耳边悄悄说了几句，小和尚若有所思地点了点头。

小和尚把地上的字纸捡起来，先去洗了手；又照照镜子，洗了脸；再把裤子脱下来，洗了一遍又一遍。

“你这是在干什么啊？你洗来洗去，已经浪费半天时间了。”老和尚问。

“我有洁癖！”小和尚说，“我容不得一点儿脏，您没发现吗？每个施主走后，我都要把他坐过的椅子擦一遍。”

“这叫洁癖吗？”老和尚笑笑，“你嫌天脏、嫌地脏、嫌人脏，自己外表虽然干净，内心反而有病，是不洁净的。”

说完，老和尚又对小和尚耳语了几句，小和尚还是若有所思地点了点头。

小和尚要去化缘，特别挑了一件破旧的衣服穿。

“为什么挑这件？”老和尚问。

“您不是说不必在乎表面吗？”小和尚有点儿不服气，“所以我找件破旧的衣服，这样施主们会更同情，会多给钱。”

“你是去化缘，还是去乞讨？”老和尚瞪了瞪眼睛，“你是希望人们看你可怜供养你，还是希望人们看你有为，便想透过你供奉佛祖，得以安心？”

说完，老和尚照例又对小和尚轻声说了几句。

后来，老和尚圆寂了，小和尚成为住持。他总是穿得整整齐齐，拿着医疗箱，到最脏乱贫困的地区，为那里的病人洗脓、换药，然后脏兮兮地回来。他总是亲自去化缘，但是左手化来的钱，右手就济助了可怜人。他很少待在禅院，禅院也不曾扩建，但是他的信众越来越多，大家跟着他上山、下海，到最偏远的山村和渔港。

也许我们会奇怪：这么一个满是嗔痴执念的小和尚，怎么就脱胎换骨了呢？老和尚每次对他耳语的又是什么？

一次，小和尚把答案告诉他的信众：“师父在世的时候，教导我什么叫真正的完美——求这世界完美，没有疾苦；师父也告诉我什么是真正的洁癖——帮助每个不洁的人，使他们洁净；师父还开示我，什么是化缘——使人们的手与手相牵，彼此帮助，使众生结善缘。至于什么是真正的禅院，师父临终时告诉我，禅院不见得要在山林，而应该在人间。南北西东，皆是我弘法的所在，天地之间，就是我的禅院！”

原来，“完美”“洁癖”“化缘”还可以有这样的解释！这是老和尚通透的智慧和宏大的慈悲，他感动了小和尚，也透过小和尚感动了尘世的每个人。其实，有些痴迷、执着是难免的，与其想尽办法戒除嗔痴，不如换个思路，打开眼界和胸怀，把周围人的快乐、整个世界的幸福当作痴迷的对象。这样，我们的痴迷和执着才有意义，才能像小和尚一样，用广大的慈悲，将天地都纳入自己的禅院！

因理解而宽容，因懂得而慈悲

诸善奉行，诸恶莫作；日日行善，夜夜自省。这是佛陀教导众生的慈悲心怀，也是出家人对自己的基本要求。但普通人万难做到如此，这除了毅力、恒心，更在于人们往往不能推己及人，做到“老吾老以及人之老，幼吾幼以及人之幼”，而不能推己及人的根源则是彼此缺乏理解和共鸣。其实，这种缺乏，说到底是我们长期的思维习惯造成的。

一位单身女子刚搬了家，她的新邻居是一户穷人家，只有一个寡妇和两个小孩。

一天晚上，那一带忽然停了电，那位女子只好点起了蜡烛照明。过了一会儿，忽然听到有人敲门。原来是隔壁邻居的小孩，只见他略显紧张地问：“阿姨，请问你家有蜡烛吗？”

女子心想：他们家竟然穷得连蜡烛都没有，还是别借给他们了，免得被他们依赖上了！于是，她冷冷地回答："没有！"

正当她准备关门时，那个小孩却露出了关切的笑容，说："我就知道你家一定没有！"说完，竟从怀里拿出两根蜡烛，接着说道："妈妈怕你一个人住没有蜡烛会害怕，就让我拿两根来给你。"

女子感到无地自容，却也感动得热泪盈眶，一把将那小孩紧紧地抱在了怀里。

多么善良的一家人！自己家里虽然贫穷，但还是时刻想着关心、帮助身边的人，哪怕只是一个还没见过面的新邻居。

其实，这位女子不见得就是多么冷漠自私之人，她后来的愧疚、感动也证明了这一点。只是，她已经习惯于"穷人求助富人""富人施舍穷人"这样的既定模式，所以当一个穷人来有所探寻时，她便"顺理成章"地以为这是求助的信号。但人们往往就是在这样的思维定式中，渐渐远离了自己的善良和心底的柔软，也远离了与人和睦相处、温暖互助的幸福。

所以，佛陀强调我们应该做到"无碍"，无碍不仅仅是言行的自由，更是心灵的轻盈自在。不报有固定的鄙闻漏见，不坚持死板的条条框框，以一颗平和清净之心去待人接物，像水一样随物成形，而不是像石头一样冥顽不灵。这样才能真正地理解、懂得别人，从而心怀感激地接受别人的关心，也设身处地地为别人着想。这样，就算别人真的是来"借蜡烛"，我们也会乐于给予；就算别人犯了错误，我们也会心平气和地选择宽容。

一天，佛陀行脚回到了他曾经修行过的伽耶山尼连禅河边。这里有位拜火教首领优楼频罗迦叶，他带领着五百弟子在此修行，并且受到贵族的尊敬。佛陀本来是想到摩揭陀国去，但此时天色已晚，于是他便去优楼频罗迦叶处请求借宿。

优楼频罗迦叶听到佛陀光临，便客气地出迎。佛陀表明来意后，优楼频罗迦叶回答道："在我这里借宿当然可以，但我看您定是一位得道者，因此有件事情必须要向您说明：我的房中放着拜火的道具，而且一条巨大的毒龙盘踞在房中，如果你您住进去了，一定会失去生命，所以我还是回绝您吧！”

佛陀微笑着说：“不要紧。天色已晚，我实在无处安身，所以请您无论如何要借我住一宿。”

于是，优楼频罗迦叶便指着一个石室说：“那就去吧，您好自为之。”

佛陀安然地走进了石室。佛陀进了石室后，果然看见一条巨大的毒龙，但他仍泰然地安坐在石室之中，因为他深知毒龙不会伤害他。面对超脱的佛陀，毒龙果然对他没有敌意。

第二天，佛陀从石室中平安出来，口中念道：“心清净，则不为别人所害。”

原本优楼频罗迦叶以为佛陀必定会吓得立刻从石室中跑出来，却不料佛陀安然出了石室，便知道佛陀是位圣者，于是优楼频罗迦叶疑心佛陀是来征服他的。此时，佛陀礼貌地提出想在优楼频罗迦叶处修行。优楼频罗迦叶听后以为佛陀很尊敬他，便答应了。

这一天，优楼频罗迦叶被请去做当地一个盛大祭典的主祭。他知道佛陀的力量，因此不希望人们见到佛陀。可是出乎优楼频罗迦叶的预料，这天佛陀并没有出现，于是第二天他便询问佛陀的去处。

佛陀温和地说道：“我知道你的心中希望我不要给人看到，所以我也就不让别人见到我。你还没有觉悟到生命的真谛，你还充满嫉妒的心。你这么一位有觉悟的人，居然还存有嫉妒的私念，实在可惜！若不断了这个念头，你永远不能证得涅槃！”

优楼频罗迦叶为佛陀的智慧与宽大所感，当即带领他的五百弟子一起拜在佛陀座下，做了佛陀的随众弟子。

佛陀宽容而慈悲，他觉知了优楼频罗迦叶的嫉妒之心，却不当众点破，而是先遂了他的意，为他保全尊严，再适时出面点拨、教化他，这正是因懂得而宽容的慈悲真义！

佛陀说："结缘不结怨。"仇恨是带有毁灭性的情感，只会激化矛盾，酿成大祸。宽容的心却能轻易将恨意化解，让紧张的气氛化作脉脉温情。只是，要想止息心头嗔恨之念，只生慈悲宽容之意，就要先抛却自己的固有思维习惯，真切地理解他人、懂得他人，于这懂得里生出一点惺惺相惜或是真心的叹惜，之后我们的选择自然就会变得温和、暖人。

既然我们仰望的是同样的繁星，既然我们行脚的是同样的土地，既然深深困扰我们灵魂的是同样的问题——"生命""爱情""永恒""意义"那我们为什么不能对彼此报以一个会心而默契的微笑呢？

真心的慈悲，是一种清澈的美丽

慈悲、向善，本是众生与生俱来的本性，缘何需要佛陀苦口婆心地劝诫呢？只怪"我们出发了太久，竟忘了来时的那条路"，现在人们的慈悲心已经掺杂了很大一部分的功利心，清净自然的行善布施已经很难见到了，更多的人是冲着"善有善报，恶有恶报"才去行善积德的。其实，这大大违背了佛陀仁慈的本意。

佛教的因果报应理论其实只是在陈述一个客观的事实，即"凡事必有因，有因必有果""种瓜得瓜，种豆得豆"。这是万物运行的普遍规律，它并不是在教导众生"行善积德吧！你会有好报的"，这只是人们因为对现实感到不满而寻找的一种安慰。

我们不妨问问自己：倘若没有幸福、极乐世界的果报，我们就不去行善了吗？倘若佛陀告诉我们：行善之人死后会下地狱，那我们还会行善吗？

有一位家财丰裕且心地善良的长者，经常广开善门，主动救助那些遭遇疾病苦难的人。受过救济的人纷纷感恩长者的善心，长者的声名远扬天下。

一位天人得知长者的事后，心生嫉妒，害怕长者的福报比他还要高。于是天人化作一个凡人，走到长者面前说："你将辛苦赚回来的钱布施出去，难道不心疼吗？珍贵的财产总有一天会被你花光的。"

长者笑着回答："天地毫无私心地养育众生，我如果只顾自己享用财产，未免太自私了，不如让众人一起分享。"

天人见状，便撒谎道："听说勤于布施的人将来会下地狱。"

长者露出惊讶的表情。天人见他不信，便幻化出地狱的景象，告诉他在地狱里受苦的人以前都是喜欢布施的人。

长者将信将疑，上前问其中一人："你为何坠入地狱？"

那人答："正如你刚才听到的，我以前常常布施帮助他人，因此死后坠入地狱。"

长者又问："那么接受你帮助的人呢？"

"他们倒是都往生天堂了。"那人回答。

长者立刻高兴起来，说："让别人脱离苦难，得到幸福是我毕生的心愿，既然受帮助的人能往生天堂，那我一个人在地狱受苦也是值得的。"

天人为长者的话感动，内心生起惭愧之心，便恢复天人的模样，对长者说："实际上，行善能得天福。你这份'但愿众生得离苦，不为自己求安乐'的心怀，修得的境界更胜过天福，是无限清净光明的菩萨境界。"

"但愿众生得离苦，不为自己求安乐"，多么动人的境界！古人早就勉励后人"不因果报方修德，岂为功名始读书"，若是为了福报去行善积德，为了功名去读书学习，那人与人永不会真心相助，真正的清净心、慈悲心也无从说起。

慈悲，应该是一份不掺杂任何污浊的美丽，以其清澈感动世人。倘若我们只对那些可能对我们有利的人行善，行善时还故意让他们看见、听见，那既不会真的帮到别人，也污了自心的澄净。

我们形容一个人善良时往往会夸张地说："他连一只蚂蚁都不忍踩死。"一个人若是真的连蚂蚁都不忍踩死，那他离清澈的慈悲心就不远了。因为即使因果之道再过玄妙，一只蚂蚁也不至于对我们此生的事业、幸福造成些许影响。在此基础上生出的善心、慈悲心，才更加让人尊敬。只是，在现实生活中，谁会真的一直盯着脚下，以免踩到蚂蚁呢？

弘一法师的弟子丰子恺曾经回忆："一次，他（弘一法师）到我家。我请他藤椅子里坐。他把藤椅子轻轻摇动，然后慢慢地坐下去。起先我不敢问，后来看他每次都如此，我就发问。法师回答说：'这椅子里头，两根藤之间，也许有小虫伏着。突然坐下去，要把它们压死，所以先摇动一下，慢慢坐下去，好让它们走避。'"

弘一法师的善行要比走路不忍踩死蚂蚁更加令人动容！时刻注意脚下已经很难了，又有谁会想到，并在意那藤条之间看不见的生灵呢？不仅如此，弘一法师临终前还要求弟子在龛脚垫上四碗水，以免蚂蚁爬上尸身不小心被烧死。这份慈悲，实在让人钦佩万分！

我们固然达不到弘一法师至善至美的境界，但至少可以稍稍洗涤一下自己的善良和慈悲，更纯粹地忧人之忧、乐人之乐，真心地给予掌声，默默地施以援手，顺便关心那些"潜伏"在我们身边的小精灵，慢点儿开车，轻点儿走路，不仅为了呵护它们的脆弱，也为了让自己能在这缓慢、轻柔中看得清它们的美丽，那也是我们内心的善良在清澈时的倒影。

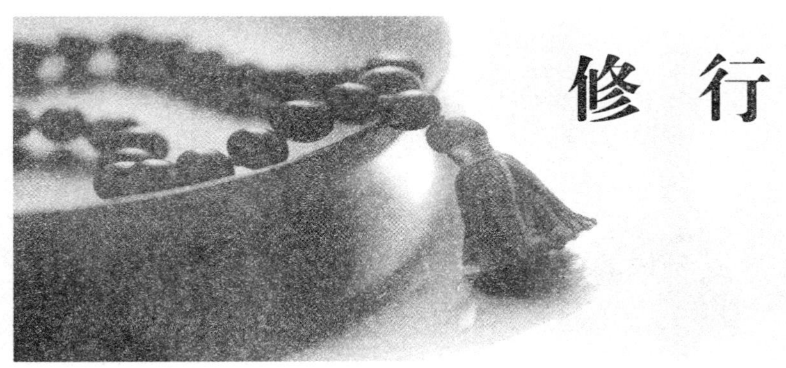

修 行

第一章
一撇一捺，一个“人”字能写多大

人生有所“止”

《诗经》中有这样一句诗：“缗蛮黄鸟，止于丘隅。”意思是“那只唧唧喳喳叫的黄鸟啊，栖息在小山丘上”。本来这是一句很普通的“起兴”，远不如“关关雎鸠，在河之洲”有美感，但是在《大学》中，孔子对这句诗情有独钟，并专门挑出来讲了一番道理：

“《诗》云：‘缗蛮黄鸟，止于丘隅。’子曰：‘于止，知其所止，可以人而不如鸟乎？’”

这里提到一个概念——“止”。

从字面上理解，止就是停止、站立的意思，宋代大儒朱熹对这个“止”字的解读是“必至于是而不迁之意”，即一个人必定要到达，并且到达之后再也不能更改的地方。

止，是《大学》的核心思想。《大学》的“大学”，并不是清华、北大这种高等教育学府，而是指做人做事的大学问。在儒家看来，这门大学问最核心的问题，就是知道自己应当止于何处，用现在的话说，就是应当有自己的人生目标。

大千世界中，并不是每个人都有自己的人生目标，做一天和尚撞一天钟的人不在少数。所以孔子说：“你看《诗》里那只唧唧喳喳的黄鸟，尚且知道要找一个小山丘作为自己安身立命的地方，现在的人却不知道给自己找一个人生目标。”

不过，在儒家的观念中，光有“止”还不够，一个人还需要知道止于何处。因为儒家思想是一种人生观、价值观、世界观，它要我们思考的是：一个有高度的人生，应当有一个怎样的目标？

这个问题的答案就是《大学》的开篇语："大学之道，在明明德，在亲民，在止于至善。"人的一生应当有所止，止于哪里？止于至善！

儒家认为，人活一世，应该有一个至高无上的理想作为自己的目标，要把最远大的理想作为自己的人生追求。

一个人应把人生目标定得高一点儿，再高一点儿。追求吃饱穿暖，固然是一种"止"，但是对于一个人来说，还不够。苏格拉底说："人吃饭是为了活着，但活着不是为了吃饭。"这与儒家思想异曲同工，有理想才有动力，有目标才有奋斗的方向。一个人若是没有远大的理想，一生都只能是等吃、等睡、等死的"三等公民"，不可能取得多大的成就。

美国哈佛大学对一批大学毕业生进行了一次关于人生目标的调查，结果发现，27%的人，没有目标；60%的人，目标模糊；10%的人，有清晰而短期的目标；3%的人，有清晰而长远的目标。

25年后，哈佛大学再次对这批学生进行跟踪调查，结果是：

那3%的人，25年间始终朝着一个目标不断努力，几乎都成为社会成功人士、行业领袖和社会精英；那10%的人，他们的短期目标不断实现，成为各个领域中的专业人士，大都生活在社会中上层；那60%的人，过着安稳的生活，也有着稳定的工作，却没有什么特别的成绩，几乎都生活在社会的中下层；剩下27%的人，生活没有目标，并且不断抱怨他人，抱怨社会不给他们机会。

历史上伟大的人物，大都有远大的人生目标。有理想，才有奋斗的动力和坚持的勇气，才能取得更大的成就，获得更大的成功。

远大的理想不仅能够让人更加成功，还是人生境界的重要表现。一个有远大理想的人和一个混吃等死的人，所表现出的人生境界是截然不同的。

南北朝名将宗悫还很小的时候有人问他有什么志向，小宗悫大声地回答："愿驾长风，破万里浪！"长辈们都觉得这个小孩儿将来肯定不简单。

比宗悫早一些的晋朝名将祖逖也是如此。

祖逖年轻的时候和好友刘琨一起在司州当秘书。当时的西晋王朝正处于"八王之乱"的前夕，贾后乱政，朝野乌烟瘴气。祖逖对这种局势充满了担忧，常常和刘琨议论国家大事到深夜。

一天半夜，祖逖睡下没多久，就听到院子里的公鸡开始打鸣了，突然心有所思，起床叫醒了刘琨，说："你听见公鸡的打鸣声没有？这可是个好声音啊！以后我们每天早上听到公鸡叫就起来练武如何？练就一身好武艺，如果将来天下乱了，我们便去杀敌报国，成就一番大事业！"

刘琨被祖逖宏大的人生理想激励得热血澎湃，当即同意了祖逖的提议，从此，每天天不亮，两人就在院子里练剑。这就是成语"闻鸡起舞"的来历。

果然，几年后，"永嘉之乱"爆发，洛阳沦陷，皇室南渡，祖逖也随之来到了江南。但是，当其他贵族都在忙着求田问舍、兼并土地的时候，祖逖毅然挥师北伐，带着几千将士连战连捷，击溃了北方的豪强石勒，收复了黄河以南的大片领土。可惜，就在渡河前夕，祖逖病危，于农历九月病死在河南雍丘，终年五十六岁。

出师未捷身先死，长使英雄泪满襟。祖逖的一生，是为理想而奋斗的一生。那些声色犬马的东晋士族不理解祖逖，因为祖逖所追求的人生目标远远超过了他们的境界，祖逖的人生价值也远远高于那些腐朽的贵族。

人活一世，草木一秋。既然有幸能来这个世界走一遭，就该做出一番像样儿的事业，活出些精彩留给世人和后人。一个没有远大抱负、没有崇高理想的人，一辈子庸庸碌碌，一无所成，而他的人生在漫长的历史中也如电光火石般，留不下任何痕迹。

《钢铁是怎样炼成的》中主人公保尔·柯察金说过："人最宝贵的是生命，生命属于每一个人，但只有一次。人的一生应该这样来度过：当他回首往事时，不因虚度年华而悔恨，也不会因碌碌无为而羞耻。"为自己的人生找一个远大的目标，为这个目标努力奋斗，这样的人生才不算虚度。

人生的重与远

人生究竟止于何处才算"止于至善"？怎样的理想才算"远大的人生目标"？亚历山大想要征服世界的理想算不算远大？秦始皇、汉武帝想当神仙的理想算不算远大？

至少在儒家看来，这些都不算。

怎样才算？《论语》中，曾子说："士不可以不弘毅，任重而道远。仁以为己任，不亦重乎？死而后已，不亦远乎？"

曾子说，一个人要大气，要刚毅。在追求人生理想的路上，背负的东西很重，前面的路很远。

什么叫任重？曾子说，把实现"仁"的理想当作自己的人生目标，能不重吗？什么叫"道远"？这样的理想一直要坚持到死，能不远吗？所谓任重道远，指的就是背负远大的理想，至死不渝。

曾子把远大理想解释为对"仁"的追求，"仁"在儒家思想中是一个大而化之的概念，可以用来指代至高无上的美德。能够承载这样的美德的人生，自然是有重量的人生。

这让人想起了诗人韩瀚的短诗《重量》："她把带血的头颅

/ 放在生命的天平上 / 让所有苟活者 / 都失去了——重量。”

究竟怎样的背负能让所有人都失去重量？是对真理的追求和对国家、社会、人民的责任感、使命感。

在孔子和孟子的时代，国家也被称为天下，儒家思想中，士大夫以天下为己任的社会责任感占据了十分重要的位置。

孔子一生逐于鲁，被围于蒲，伐树于宋，受困于陈、蔡，颠沛于列国间，被人称为“惶惶如丧家之犬”，但是孔子从没放弃过对天下的责任。《史记》记载，孔子经过宋国的时候，在宋国国都的一棵大树下给弟子讲课，宋国大司马桓很讨厌孔子，就命人提着斧子把大树给砍倒，间接地告诉孔子，我不会让你有立足的地方。

面对桓的恐吓，孔子丝毫没有害怕，而是非常镇定地说：“天生德于予，桓其如予何。”这句话的意思是说：“上天生下了我，我担负着拯救天下苍生的使命，桓能把我怎么样！”

即便在最困难的时候，孔子的使命感也从来没有动摇过。据说有一次，仪的领主来见孔子，见过一面之后，仪的领主对孔子的弟子评价说：“二三子何患于丧乎？天下之无道也久矣，天将以夫子为木铎。”意思是：“你们何必怕跟着孔子没有前途呢？天下无道已经很久了，孔子就是上天派下来号令天下的那口木铎啊。”木铎就是木舌头的钟，是古代天子发布政令时用来召集老百姓的。孔子把成为“天下的木铎”作为自己的人生理想，为了恢复周礼并建立他心目中的理想国而往来奔走，不辞辛劳，此真可谓“任重而道远”。

这也是儒家文化对中国人影响最大的一点：传统文化所认可的中国人不管处于怎样的位置，都能胸怀天下，有着一颗忧国忧民的心。比如孟子就曾说过：“五百年必有王者兴，其间必有名世者。”即自己担负着平治天下，实现“王道”的使命，怕人听不明白，孟子还补了一句："如欲平治天下，当今之世，舍我其谁也？"

正是这种"舍我其谁"的社会责任感，给人无比强大的力量，这也是中国传统知识分子的典型特征之一。每一个正统儒家知识分子心中都有着强烈的使命感和责任感，范仲淹的"先天下之忧而忧，后天下之乐而乐"和顾炎武的"天下兴亡，匹夫有责"都表达了这一思想。这种责任感推动了社会的进步，让无数人在追求理想的道路上前仆后继，死而后已，"亦余心之所善兮，虽九死其犹未悔"的屈原，更用生命践行了自己的责任感。

或许有人会说，在人人向"钱"看的今天来提倡这种社会责任感还有价值吗？这对我们的人生又有什么指导意义呢？

要知道，这种责任感是儒家思想能在中国立足千年的根基。也许，它并不能帮助我们赚钱，也不能帮助我们升职，但是，它能让我们的人生更有重量、更有境界。从功利的角度来考虑，则任不必重，以事业为己任足矣，谈什么天下？道不必远，升官发财而后已，何必要死？

但是，人活着总该有一些超越功利的追求，尤其是现在这个传统道德遭受冲击、新的道德还没有建立起来的时代，许多社会问题，归根结底都是缺乏社会责任感引起的。

面对小偷、劫匪和其他种种暴力强权，我们为什么选择沉默？不只是因为恐惧，更是因为我们缺少社会责任感，所以事不关己高高挂起。

食品安全问题频发，假冒伪劣产品屡屡曝光，从三聚氰胺到地沟油，为什么黑心商家如此丧尽天良？不只是因为利益的驱使和监管的不力，更是他们缺少社会责任感，所以才毫无愧疚地残害国民。

人活着不能没有理想，在儒家观念中，人生的终极目标应该是担负起对天下、对社会的使命与责任，我们的人生也应该如此。

固然，人应该为自己考虑，该赚的钱要赚，该升的职要升，该过的日子得过，但人生应该有更高的精神追求。我为人人，也就是人人为我，对社会保持着一份责任感、使命感，不仅是为了让我们的人生境界更高，也是为了让我们的世界更美好。

夫子有病不得医

周平王东迁之后，王室衰微，礼崩乐坏。孔子一生都在为恢复周代的礼乐文化而奋斗，但是各国诸侯都忙着抢钱、抢粮、抢地盘，对孔夫子的学说根本没有兴趣，孔子四处碰壁，在列国之间来回奔走。

有一次，孔子在路上遇见一个隐士，叫微生亩。微生亩对孔子说：“孔丘啊，你这么忙忙碌碌究竟在忙什么呢？你是想讨好什么人吗？”微生亩问得很不客气，因为道家的隐士往往看不起儒家奔忙一生的人生态度。孔子的回答却很有意思、很幽默：“我哪里是为了讨好什么人啊，这忙忙碌碌的人生是我的陈年老病，改不了了。”

孔子的幽默一方面是对微生亩的回应，一方面也可以看作是自嘲。一直以来，尽管处处碰壁，但孔子从来没有放弃过对理想的追求，以至于有一次子路在外面说起孔子的时候，居然有人问：“孔子？是那个‘知其不可为而为之’的孔子吗？”有时候连孔子自己都觉得，自己对理想的坚持简直像是一种病。

这种病叫作“偏执症”，是一种“知其不可为而为之”的魄力，是“虽千万人吾往矣”的胆气，是不达目的誓不罢休的坚持。对理想的执着是儒家知识分子人格中很重要的一个方面。

这是一种没药医的病，只要理想没有实现，只要对人生还有信念，这种偏执就无法治愈。在中国历史上，把这种“偏执症”

发挥到极致的是明朝的海瑞。

海瑞，民间称之为“海青天”，但在当时的官场上，海瑞真正的绰号是“海阎王”。因为海瑞在南平县学宫任职时铁面无私，狠抓学校纪律，学生们又敬又怕，于是给他起了这么个绰号。后来，海瑞升任浙江淳安县县令，不仅本人从不收受贿赂，还革除了县里所有的“灰色收入”。由于明朝官员的待遇非常低，海瑞不得不忍受贫穷的生活，一个县太爷过得还没有一个普通的小商人滋润。据说有一次海瑞的母亲过大寿，海瑞上街买了半斤肉居然都传为奇闻，甚至传到了两江总督胡宗宪的耳朵里。

即便如此，海瑞也没有放弃自己对理想的执着。他要当一个清官，两袖清风，清清白白地做人。海瑞对这一理想的执着已经到了偏执的地步，他忍受着贫民般的生活，甚至从来没有思考过以当时的经济水平来看自己每个月的收入是否太低。海瑞不考虑这些，因为他的脑子已经被理想所占据了。

对于这样的“病人”，究竟应该怎样评价呢？在旁人看来，他们也许是疯子，但是社会需要这样的疯子，这些疯子改变了我们的世界。

吉利集团董事长李书福也是这样一个“偏执症患者”。

1997 年李书福开始造汽车的时候，中国的汽车市场已经被大众、通用、标致、丰田这样的国际巨头所占领，根本没有国产自主品牌的立足之地。早在 1991 年的 11 月 25 日，中国仅存的国产轿车——上海牌轿车就宣告停产。在此之前，国人曾经引以为傲的红旗轿车也已经停产。至此，新中国成立后的两大轿车品牌均告消亡。

在这样的环境下，李书福不顾亲友反对，决意投资 5 亿元进军汽车行业，并抛出一句“汽车不过就是四个轮子加两张沙发”的疯话。然而，这种疯狂的背后是李书福的魄力和胆气。

造汽车，资金是前提。李书福不是金融家，没有金融领域赚来的大把的钱作支持。他手里有的，只是从实业上赚来的几个亿而已，而且他也没有高层关系，不能把吉利集团做成国家的试点。当今天吉利成为一个拥有好几个车型的高速成长的汽车公司的时候，我们很难想象，吉利第一款汽车的设计师竟然是吉利的钣金工。让钣金工做一辆汽车的设计师多少有些寒酸，不过对于李书福和当时的吉利来说，也只能这样了。

从钣金工开始造车，这就是吉利的现实。在吉利引以为豪的创业史中，无处不鲜明地体现着吉利的艰难。在如此艰难的环境中一路打拼到现在，这就是李书福的毅力。

人活着得有点儿追求，但为了理想而拼搏不是一件容易的事情，需要魄力，需要胆气，更需要毅力，只有近乎疯狂的偏执，才能成就成功的人生。

一颗小小的螺钉

有人问孔子：“子奚不为政？”孔子回答说：“《书》云：‘孝乎惟孝，友于兄弟，施于有政。’是亦为政，奚其为为政？”意思是，有人问孔子为什么不去做官，孔子回答说：“《尚书》里说：‘对父母孝顺、对兄弟友善就是治理国家。’我把平时的事情做好就是为政，为什么一定要去当官才算治理国家呢？”

孔子这番话可以说是儒家人生观的重要体现，儒家经典《大学》中说：“所谓治国必先齐其家者，其家不可教而能教人者，无之。故君子不出家而成教于国。”在儒家思想中，修身齐家是治国平天下的基础，只要能够做好手头的事情，把基本的道德准则贯彻到平时的生活工作中，把自己的家人和朋友教化成贤人，就可以不离开家而让这个国家得到治理了。

从这个角度来看，儒家思想和新中国成立后提倡的“螺钉精神”是一致的。

一个国家、一个社会本身就像是一架精密的飞机，不可能每个人都成为发动机，成为机翼。何况，难道其他的部件就没有做出贡献了吗？飞机的平稳飞行是每一个零件共同努力的结果，哪怕一颗螺丝钉出问题，都可能带来机毁人亡的事故。

儒家思想要求我们每一个人都培养对社会的责任感，要求我们对社会做出贡献，成为一个有用之材。但是，怎么样才能对社会有所贡献？儒家思想告诉我们，“君子不出家而成教于国”，在平凡的岗位上，一样能够作出不平凡的贡献。

多次被评为全国劳动模范，2009 年被评为新中国成立以来 100 位感动中国人物之一的徐虎，出生在上海市郊，1975 年因征地进了城，成为上海市普陀区房管局中山北路房管所的一名水电维修工。当时，中山北路以老旧公房为多，居民家中水电故障频繁。房管所和其他单位一样，“大家下班我下班”，而下班后的时段正是居民家中用水用电的高峰，也是故障高峰，由于无人及时维修，居民生活中有许多不便和困难。

1985 年 6 月 23 日，徐虎制作了 3 只“特约报修箱”挂在居委会、电话间墙上。上书：“凡附近公房居民遇到夜间水电急修，请写清地址，将纸条投入箱内，本人将为您提供维修服务。开箱时间：19 时。徐虎”多年来，他每天晚上 7 点准时打开报修箱，义务为居民修理 2100 余处故障，花费了 6300 多小时的业余时间。有 8 个除夕夜，他都在工作一线度过，被群众亲切地称为“晚上七点的太阳”。

榜样的力量是无限的。水电工王耀齐自 1986 年调入徐虎所在的班组后，跟着徐虎学“艺”，耳濡目染师傅的言行，于 1989 年 1 月在管弄新村以个人的名义挂出了 3 只夜间特约报修箱，并把家中的地址公布于众，被居民称为“徐虎第二”。继王耀齐之后，在普陀区东新地区，出现被誉为“徐虎第三”的黄卫国；在普陀区曹安地区，出现了被誉为“徐虎第四”的蒋德宽；在普陀区曹杨地区还出现了被誉为“徐虎第五”的水电工冯宝荣。他们或挂出报修箱，或在服务地区公开报修电话和自己的联系方式，或索性将铺盖搬到所里值班室，热情地为居民排忧解难。凭借着热心服务，他们先后当选为上海市劳动模范。

劳模的精神确确实实得到了传递和发扬，在徐虎精神感召下，社会上形成了广泛的“徐虎效应”。从编号的“徐虎”到未编号的“徐虎兵团”，越来越多的“徐虎”涌现出来，投身于无私奉献的事业中。

一个水电维修工可以感动中国，我们每个人只要把自己的工作做好，修炼好自己的品德，一样可以成为一个有价值、有贡献的人。

清高的人是可耻的

很难想象，孔子也有被人骂得灰头土脸的时候，而且骂他的人还是孔子最讨厌的阳虎。

一次，孔子走在路上，遇见阳虎。孔子很讨厌阳虎，尤其阳虎还想让自己出来当官，做他的下属，这让孔子很不满。惹不起，躲得起，所以孔子索性绕着走。

结果没绕过去，阳虎看见孔子，喊了一声：“来！予与尔言。”孔子无奈走上前去，阳虎就说：“怀其宝而迷其邦，可谓仁乎？”意思是说，怀着一肚子才华，却不用来治理国家，让国家迷失了发展的方向，能算仁吗？这是一个无可置疑的反问句，孔子只好回答：“不算。”阳虎继续问：“想要有所作为却老是错失发挥才干的时机，能算智吗？”这仍是一个反问句，孔子也还是只能回答："不算。"被阳虎这么一质问，孔子也没话说了，只好说"诺，吾将仕矣"，也就是答应出来当官了。

自古以来，儒道两家几乎占据了中国知识分子的精神世界。儒家代表着建功立业的入世精神，道家则代表出世自由的隐士文化。两家之间相互都有些指责，道家认为儒家活得太累，太不潇洒，儒家则一方面羡慕道家的逍遥，一方面认为那样的做法是对社会的不负责任。用阳虎的话说，就是"怀其宝而迷其邦"——一个本该对国家社会有所贡献的人才，却只想着自己逍遥快活，不顾社会上还有许多挣扎在生存线上的人。

有时候，冷漠和清高之间很难划出清楚的界限来。一个人明明有能力帮助别人，却因为世道艰险而选择了明哲保身，这是一种清高，更是一种冷漠。中国古代的隐士往往衣食不愁，他们号称"躬耕"，吃的、喝的却大都是地方上的官员和地主赠送的。换句话说，他们吃的也是"民脂民膏"，只是自己没有亲自参与剥削而已。

退一步讲，那些清高到不惜用生命来维护自己清白的人，既然能舍得用生命来维护自己的清高，难道就不肯用生命来做出一些贡献吗？司马迁在《报任安书》中写道，自己在接受宫刑之前，完全可以用自杀的方式来成全自己的清高名节，但是，他选择了忍辱苟活，因为他要把《史记》写出来，"藏之名山，传之后人"。这是司马迁的理想，为了理想，他不惜放弃清高。如果当时司马迁选择了自杀，清高是有了，但中华民族就损失了史学和文学上的一颗璀璨的明星。

孔子虽然老是说"邦有道则现，邦无道则隐"，但也只是说说而已，我们看到的孔子是一边赞叹着宁武子能够在国家动荡的时候表现出明哲保身的智慧，一边自己却知其不可为而为之，不撞南墙不回头。孟子更是如此，高歌着"虽千万人吾往矣"，越是污浊越要往里跳，因为他们的理想就是用自己的全部精力来改变礼崩乐坏的乱世，拯救战火之中遭涂炭的生灵。如果连他们都选择了退缩，那么谁来净化污浊的社会呢？

清高的人是高尚的人，因为他们不愿意与世俗同流合污；但清高的人也是懦弱的人，因为他们不敢去改变这个世界。当今社会，物欲横流，但清高的人并没有减少，这是一件好事，也是一件坏事。尤其是年轻人，正处在应当有所作为的时候，如果选择了随波逐流，被世俗同化，那就不值得再说什么了；如果因为害怕或者厌恶世道的艰辛和人心的险恶，就以清高的名义想着独善其身，或者抱怨连连，那于己于人又有什么好处呢？

中华民族之所以能够历经几千年而屹立不倒，就是因为总有一些中国人敢于逆流而上，即使在最黑暗的时刻也依然保持着改造社会的勇气。如果人人都学做隐士，都以清高自处，没有人来做事，那么黑暗永远都不可能消散。

英国作家狄更斯在《双城记》的开头写道："这是最好的时代，也是最坏的时代。"任何一个时代都不是十全十美的，当今的社会有它的问题，但有问题才更有改造的价值，如果就此选择了逃避，那么，谁来解决问题？

有才无德不足观

西周礼法制度的创始人周公姬旦一直是孔子的偶像，孔子对他的崇拜甚至到了经常梦见他的地步。有一回，孔子还感叹道："哎，我好久没有梦到周公了呀。"

尽管孔子如此敬仰周公，他仍说："如有周公之才之美，使骄且吝，其余不足观也。"意思是，即使有周公那样的才能和那样美好的资质，只要骄傲吝啬，其余的一切也都不值一提了。

这其中，才能和资质属于才的方面，骄傲吝啬属于德的方面。也就是说，如果一个人才高八斗而德行不好，那么圣人也是不屑于关注他的，只有德才兼备的人才是真正的人才。如果二者不可兼得，那么德是熊掌才是鱼，孟子舍鱼而取熊掌，明智的人舍才而取德。

有一位老锁匠一生修锁无数，技艺高超，收费合理，深受人们敬重。老锁匠的年纪渐渐大了，为了不让自己的技艺失传，他决定为自己物色一个接班人。最后老锁匠挑中了两个年轻人，准备将一身技艺传给他们其中一个。一段时间以后，两个年轻人都学会了不少东西，但两个人中只有一个能得到真传，老锁匠决定对他们进行一次测试。

老锁匠准备了两个保险柜，分别放在两个房间里，让两个徒弟去开，谁花的时间短谁就是胜者。结果大徒弟只用了不到10分钟就打开了保险柜，而二徒弟却用了半个小时，众人都认为大徒弟必胜无疑。

老锁匠问大徒弟："保险柜里有什么？"大徒弟眼中放出了光亮："师傅，里面有很多钱，全是百元大钞。"老锁匠又问二徒弟同样的问题，二徒弟支吾了半天说："师傅，我没看见里面有什么，您只让我打开锁，我就打开了锁。"

老锁匠十分高兴，郑重宣布二徒弟为他的正式接班人。大徒弟不服，众人也不解，都来询问老锁匠，他微微一笑说："不管干什么行业，都要讲一个'信'字，尤其是我们这一行，更要有很高的职业道德。我收徒弟是要把他培养成一个高超的锁匠，他必须做到心中只有锁而无其他，对钱财视而不见。否则，心存私念，稍有贪心，打开保险柜取钱易如反掌，最终只会害人害己。我们修锁的人，每个人心上都要有一把不能打开的锁才行。"

老锁匠的话耐人寻味，他把道德作为选择接班人的最终标准，所以二徒弟虽比大徒弟才能差一些，但因为品德良好而被师傅选为接班人。可见，德才兼备的人最为珍贵，当两者失衡时，品德就要重于才能了。

在儒家的理念当中，"道"一直是一个重要的方面，孔子曾经说："骥不称其力，称其德也。"就是说："对于千里马，不称赞它的力气，要称赞它的品质。"重视品质超过重视才能，这是儒家的人才思想，也是中国人一直以来的人才观。一个能力再出众的人，如果品行不过关，那么在中国也很难吃得开。

深受儒家思想影响的新加坡前总理李光耀在全面总结儒家学说的基础上也指出，儒家思想的核心是"忠、孝、仁、爱、礼、义、廉、耻"，并以这八种德行作为新加坡政府的"治国之纲"和新加坡每一位公民都必须具有的道德品质，他的这一举动在新加坡得到极大的认同。

我们的确可以看到这样一种现象，一个人如果品质不好、能力差，那么他对别人和社会的危害不会太大。但是一个能力非常强、智商非常高的人，如果品德败坏、野心很大，那他造成的危害可能更大，比如南宋奸相贾似道。

历史上的贾似道可不是光会斗蛐蛐，处理政事的能力也非常高，这使得他在人才凋敝的南宋末年得到重用，最后坐上宰相的位置。然而，这个能力出众的贾似道也成了史上著名的奸臣，断送了南宋江山。如果贾似道只是一个无能的纨绔子弟，就算他再坏，也无法对国家和民族造成太大的影响。

反之，一个人品行很好，能力虽然差了点，但他只要虚心好学，努力提高自己，也会逐渐进步，把事情做得很好。当然，需要特别注意的是，我们不能因此走向另一个极端，忽略人的能力，不尊重知识，不尊重人才。毕竟，德行是行走人生的前提，才能是创造美好人生的手段，有才无德的人是坏人，有德无才的人是废物，坏人是不好，但废物也好不到哪里去。

要鱼还是要熊掌

有一句名言，叫"鱼和熊掌不能兼得"，这句话出自孟子，原文是："鱼，我所欲也；熊掌，亦我所欲也。二者不可得兼，舍鱼而取熊掌者也。生，亦我所欲也；义，亦我所欲也。二者不可得兼，舍生而取义者也。”意思是说：“我爱吃鱼，也爱吃熊掌。如果两个当中只能选一个，我选熊掌——因为熊掌比鱼更贵重。我想要活着，也想要义，但是如果两个当中只能选一个，我会选择义，因为义比生命更珍贵。”

由此可见，孟子之意不在鱼和熊掌，在于探讨生命与义的轻重。孟子宣扬“舍生取义”，但并没有否认生命的价值，所以说“生亦我所欲也”。在儒家思想中，世界上有许多比生命更重要的东西。人生短暂，如白驹过隙，一个人就算活得再久，在天地宇宙面前又算得了什么？传说中彭祖活了八百岁，但这八百年也不过是人类历史的瞬间而已。我们不仅应该追求生命的长度，更应该追求生命的广度和深度。匈牙利诗人裴多菲有一首诗：“生命诚可贵，爱情价更高，若为自由故，两者皆可抛。”裴多菲追求的是自由，儒家知识分子追求的则是道义。

在中国历史上，为了道义而付出生命的人，数不胜数。

秦朝末年，韩信发兵袭齐。齐军败退，齐将田横悲愤交加，为图复国之计，自立为王，率部属五百人隐入海岛。

公元前202年，刘邦称帝，为消灭各地残余的反抗势力，刘邦派使者来岛招降：“田横来，大者王，小者封侯，不来则举兵加诛。”面对刘邦的召见，田横出于“国家危亡，利民至上”的考虑，为保全五百部属性命，毅然带着两名随从前往洛阳觐见刘邦。但行至洛阳三十里外的尸乡时（今河南偃师），田横获悉刘邦召见的目的旨在“斩头一观”，愤然对随从说：“当初我和刘邦都想干一番大事业，而如今一个贵为天子，一个却要做他的臣子，我忍辱负重只不过是想保全我五百部属的性命，刘邦见我，无非是想看我的面貌。此地离洛阳三十里，若拿着我的人头快马飞驰去见刘邦，我的面貌还不会变。”言外之意是说：“我死，刘邦会认为岛上群龙无首，五百人的性命也就保住了。”说完，不顾随从再三跪求，遥拜齐国山河，悲歌：“大义载天，守信覆地，人生遗适志耳。”然后拔刀自刎。田横自杀后，二随从急将田横之首送至洛阳，刘邦看到田横能为五百人自杀，感动地说：“竟有此事，一介平民，兄弟三人为国前仆后继、宁死不屈，这能说不是贤德仁义的人吗？”遂派两千禁军，以王礼葬田横于河南偃师，并封田横的二随从为都尉，二随从不被官位所动，埋葬田横后，随即在其墓旁挖坑自尽。留岛的五百兵士听说田横为他们而自杀，为表达对田横的忠义之心，遂集体挥刀自刎。

田横大义载天守信覆地、舍生取义的大无畏精神叫人敬佩，真乃大英雄也。司马迁曾说：“田横之高节，宾客慕义而从横死，岂非至贤！”唐朝的韩愈也说：“自古死者非一，夫子（田横）至今有耿光。”像田横这样的人便活出了人生的极致。

文天祥在别人以“人生如寄”的诗句劝降时，挥笔写下《浩浩歌》，表明自己舍生取义的心志。寥寥数言，义与利之间的取舍跃然纸上。“浩浩歌，人生如寄可奈何，乃知世间为长物，唯有真我难灭磨。”

孔曰成仁，孟曰取义，孔孟之道从不教人去死，但告诉我们世上有比生命更重要的东西。“蝼蚁尚且贪生”，这当然不错，但人和蝼蚁总是有些区别的。在大是大非面前，舍鱼而取熊掌，舍得牺牲自我，便能活出生命的极致。

那“仁”却在灯火阑珊处

所谓“仁义礼智信”，“仁”居其首，可以说，在中国传统的道德体系中，“仁”占据了重要的地位。那么，究竟什么样才叫“仁”呢？

儒家亚圣孟子有一句很著名的话，叫作“仁者爱人”。这句话最早出自孔子之口："樊迟问仁，子曰'爱人'。"简简单单的两个字，道出了仁的本质，仁就是爱人。

《论语·乡党》记载了孔子生活的一些小片段，其中有这样一个小故事："厩焚，子退朝，曰：'伤人乎？'不问马。"有一次，孔子退朝回家，发现家里的马厩失火了，孔子首先问的是："有人受伤了吗？"并没有去问马的事情。

有人说这件事很普通，但这就是"仁者爱人"的体现。而且，在孔子的时代，除了少数贵族之外，有一些人的地位还不如牛马这些"贵重财物"，孔子能够在这种情况下关心人的生命，其"爱人之心"可见一斑。一个蔑视生命，在他人的生死面前无动于衷的人，无论如何都算不上"仁"。

当然，在"仁"的思想中，爱人不仅仅是尊重他人的生命，更体现在我们生活的每一个细节中。

《论语》中还记载了孔子生活中的另一个小故事。"师冕见，及阶，子曰："阶也。"及席，子曰："席也。"皆坐，子告之曰："某在斯，某在斯。"师冕出，子张问曰："与师言之，道与？"子曰："然。固相师之道也。"师冕是个盲人，在春秋时代，被称为"师"的人往往是乐师，通常都是盲人。孔子和师冕会面的时候，到了台阶前，孔子就跟师冕说："前面有台阶。"到了座位前，孔子就说："前面有席子。"等大家都坐下之后，孔子一一告诉师冕："某某坐在某个位置。"

为什么孔子要这么做？因为师冕是盲人，什么都看不见，孔子一句小小的提醒对师冕来说却有巨大的帮助。所谓爱人，就是从这样的生活小细节中体现出来的。

其实，要做到爱人是一件非常容易的事情，有时候只是举手之劳。

有一篇文章是关于电梯的，文中讨论为什么电梯里面要装一面镜子。这个细节相信很多坐电梯的人都遇到过，有些人可能还会抱怨电梯里的镜子，觉得挺吓人的。

但是，当坐轮椅的残疾人乘电梯的时候，通过镜子，他不用掉转轮椅就可以知道电梯到了第几层，这就是电梯中镜子的用途之一。

只是一面小小的镜子，却也体现出对人的关爱，这就是“仁”。

曾子曾经评价孔子说：“夫子之道，忠恕而已。”意思是说孔子一生的学问，归结起来就是两个字，一个是“忠”，一个是“恕”。忠指的是忠诚、孝悌、信用等，恕指的就是一个“仁”字。

什么叫恕？用孔子自己的话说，就是八个字：“己所不欲，勿施于人。”自己不想要的东西，就不要强加在别人身上。什么是“仁”？这就是爱人。我们谁都不希望无端失去生命，所以也该尊重别人的生命；我们谁都不希望在自己落难的时候被别人落井下石，所以遇到有困难的人也该帮他一把；我们谁都不希望自己的缺陷被人嘲笑，所以也该尊重别人的人格尊严。

“仁”在儒家理想中是一种至高无上的美德，同时也是一种贴近人心的美德，每个人都可以做到。我们需要做的，只是多为别人着想，将心比心，在生活的细节当中，体现对他人的爱心。

拯救生命这样的壮举不是每个人都能遇到的，但是碰到一个盲人为他指路这样的举手之劳，对我们来说，又有何难呢？

孔子说：“仁远乎哉？我欲仁，斯仁至矣。”意思是说：“仁德难道离我们很远吗？我想要仁，仁就会来到了。”

千古一辩义与利

《孟子》一书的开篇是梁惠王与孟子的一番对话。梁惠王开场就是：“你大老远跑过来，是有什么利益要给我吗？”孟子一听，说：“我没带什么利益，我只带了仁义过来。大王为什么开口闭口都是利益，利益是个好东西吗？利益不是个好东西，你为什么不去追求仁义呢？

类似的对话在《孟子》一书中出现了好几次，基本表达了孟子的观点：利和义相比，义更重要。

什么是义？这是孟子思想中的一个核心概念，简而言之，就是在“仁”的思想指导下做该做的事情，义是仁的外化。在孟子看来，义比生命还重要，更何况是利呢？

义比利重要，是中国人的一个基本道德标准，如果人人舍义而逐利，那么整个社会就会变成冷血的丛林。

李白有诗曰：“安能摧眉折腰事权贵，使我不得开心颜。”正是这些舍利而取义的人，为中国历史画下了浓墨重彩的一笔。其中最著名的，莫过于“采菊东篱下”的陶渊明。

在晋安帝义熙即位的那年夏天，陶渊明被任命为彭泽县县令。他上任不到3个月便接到上级官员送来的一封公函。公函上说，郡里有个官员要来彭泽县检查公务，文中暗示陶渊明放聪明些，小心谨慎地伺候。

陶渊明一向正直，一生办事公道，从不阿谀奉承。接到公函后，他感到很纳闷，猜不透文中的深层含义，便叫县衙里的师爷来给他解释一下。

师爷看完之后，心领神会，说：“历任的县太爷为迎接上级官员，都要好生准备，恭恭敬敬地到路边迎候，安排欢迎仪式，为的是讨得他们的欢心。”

“讨得他们的欢心又如何？”陶渊明问。

“啊，这您还不懂？要是讨得这些官老爷的欢心，那升官发财之路就光明了。否则，恐怕连您头上的这顶乌纱帽也保不住。大人，您可千万别马虎啊！”陶渊明听到这里，拍案而起，愤怒地说：“岂有此理，怎能为这五斗米的官俸向乡里小人折腰！这官，我不做了！”

说完，陶渊明脱下官服，交出官印，毅然回家耕田去了。

陶渊明自然是孟子“利和义相比义更重要”的践行者。不过，对于利的问题，也不可以走极端，不能把利当作洪水猛兽，碰都不敢碰。

义，固然重要，但难道就不能提利了吗？讲得明白些，就是人生在世，怎能不讲利？人类文化思想包含了政治、经济、军事，乃至人生的艺术、生活等，都以求利为目的。人类第一次爬下大树，第一次直立行走，第一次使用工具不都是为了求利吗？

义是需要的，这是人类社会得以稳定的基础，也是个人为人处世的根本；但利也是必不可少的，利是人类社会发展的动力，也是人生存下去的根本。

即便是陶渊明，当官的初衷也是逐利。在《归去来兮辞序》中，陶渊明就把自己当官的目的说得很明确：“余家贫，耕植不足以自给。幼稚盈室，瓶无储粟，生生所资，未见其术。亲故多劝余为长吏，脱然有怀，求之靡途。会有四方之事，诸侯以惠爱为德，家叔以余贫苦，遂见用于小邑。”这段话的意思概括起来就是：“我穷，没办法，于是走了叔叔的后门，去彭泽县当了官。”

陶渊明和普通人一样，为了生计难免要逐利，但陶渊明和普通人最大的区别在于，当义和利发生冲突的时候，他毅然选择了义。陶渊明晚年时十分贫穷，但他再也没有提过当官的事情，因为这和他“不为五斗米折腰”的义是相冲突的。

儒家思想的核心是“内圣外王”，即注重个人的修养，力求人人皆为尧舜，明代李贽在《与庄纯夫书》中写道：“孝友忠信，损己利人，胜似今世称学道者。”但有时，一味放弃自己应得的利，处处宽容退让，只会助长小人的贪婪。鲁迅先生曾说：“道德这事，必须普遍，人人应做，人人能行，又于自他两利，才有存在的价值。”在义的前提下追求自己应得的利，是正常且正当的，正所谓“君子爱财，取之有道”。

利，我所欲也，义，亦我所欲也，只有当二者不可兼得的时候，我们才应该舍利取义。若是能在符合义的情况下又能得利，何乐而不为呢？

今天你诚信了吗

中国一向以礼仪之邦自居，如今却正面临着诚信缺失的问题。我们不禁要问，如今诚信的缺失究竟是谁之过？

信，是儒家传统伦理准则之一，在孔子看来，信是一个人立身处世的基点。一个人如果没有诚信，就等于失去了做人的基本条件。孔子把“信”列为对学生进行教育的“四大科目”（言、行、忠、信）和“五大规范”（恭、宽、信、敏、惠）之一，强调要“言而有信”，认为只有信，才能得到他人的信任（信则人任焉）。孔子打过一个比方：“人而无信，不知其可也。大车无輗，小车无軏，其何以行之哉？”輗和軏都是古代马车上重要的部件，这句话套用现代社会中常见的事物来说就是，人如果不讲信用，就像轿车没有油门，卡车没有刹车。没有油门和刹车的车无法上路，没有诚信的人也无法立身处世。

唐朝元和年间，东都留守名叫吕元应。他酷爱下棋，养有一批陪他下棋的食客。吕元应与食客下棋，谁如果赢了他一盘，出入可配备车马；如赢两盘，可携儿带女来门下投宿就食。

一日，吕元应在庭院的石桌旁与食客下棋。正在激战之际，卫士送来一摞公文，要吕元应立即处理。吕元应便拿起笔开始批复，下棋的食客见他低头批文，认为他不会注意棋局，便迅速地偷换了一子。哪知，食客的这个小动作，吕元应看得一清二楚。他批复完公文后，不动声色地继续与食客下棋，食客最后胜了这盘棋。食客回房后，心里一阵欢喜，盼望着吕元应提高自己的待遇。

第二天，吕元应带来许多礼品，请这位食客另投门第。其他食客不明所以，很是诧异。十几年后，吕元应弥留之际，他把儿子、侄子叫到身边，谈起那次下棋的事，说："他偷换了一个棋子，我倒不介意，但由此可见他心迹卑下，不可深交。你们一定要记住这些，交朋友要慎重。"

吕元应凭多年的人生经验，深觉一个不讲信用的人绝对不能深入交往。当代也有一个关于诚信的小故事，一个留学生在餐馆里刷盘子，按规定要刷六遍，他只刷五遍，还谎称自己就是刷了六遍。这件事被揭穿之后，他因为不诚信被解雇了。接着，房东听说了他的不诚信记录，拒绝把房子再租给他。学校听说了这件事，把他劝退了。他去找工作，也没有公司愿意聘用他。这个留学生无奈之余，只能回国。

中国是讲求诚信的国家，自古以来，诚信二字都深深地烙在每个中国人心里。父母教育儿女的时候，也从诚信教育入手。

为人所熟知的"曾子杀猪"就是一个很好的例子。曾子是孔子的学生，一次，曾子的妻子准备去赶集，由于孩子哭闹不已，曾子的妻子许诺孩子说回来后杀猪给他吃。曾子的妻子从集市回来后，曾子便捉猪来杀，妻子阻止说："我不过是跟孩子闹着玩儿的。"曾子严肃起来，说："和孩子是不可以说着玩儿的。小孩子不懂事，凡事都跟着父母学，听父母的教导。现在你哄骗他，就是教孩子骗人啊。"曾子深深懂得，诚实守信、说话算话是做人的基本准则。若失言不杀猪，那么家中的猪保住了，却失掉了孩童诚实守信的赤子之心。

有人说，诚信的缺失是因为市场经济条件下人心浮躁了，殊不知，市场经济本身就是一种诚信经济，诚信是市场经济的基石。在病态的社会风气下，不诚信的行为确实可以带来短暂的收益。选择撒谎似乎成了每个人的最优策略，有些人热衷于作假，有些人不得不作假，于是，诚信逐渐被人们遗忘了。但是，不诚信摧毁的是市场环境、政治环境、社会环境和一个民族的道德体系，最终受害的是社会中的每一个人。

《管子 · 枢言》写道："诚信者，天下之结也。"诚实守信是中华民族的传统美德。千百年来，这一美德伴随着一代代中国人走过沧海桑田，历经风雪磨砺，最终沉淀为民族的精髓，它不应该毁在现代人的手里。

挺直脊梁骨

在道义和自己信念的问题上，任何强权、任何诱惑都不能使自己的信念和道义有丝毫动摇，这就叫临大节而不可夺，中国文化中还有一个词专门用来称呼这种品质，即"气节"。

1283 年，历经三年囚禁和无数次的威逼利诱之后，文天祥终于求仁得仁，慷慨赴死，给后人留下一段悲壮的故事。

文天祥本来是个文官，可为了反抗蒙古人的入侵，保卫家国，他勇敢地走上了战场。那时蒙古派出大军，要消灭南宋，文天祥听到消息后，拿出自己的家产，招募三万壮士，组成义军，抗元救国。有人说："蒙古大军人数那么多，你只有这些人，不是虎羊相拼吗？"文天祥则说："国家有难而无人解救，是令我心痛的事。我即使力量单薄，也要为国尽力！"后来，南宋的统治者投降了蒙古军，但文天祥仍然坚持抗战。他对大家说："救国如救父母。父母有病，即使难以医治，儿子还是要全力抢救啊！"不久，他兵败被俘，坚决不肯投降，写下了有名的诗句"人生自古谁无死，留取丹心照汗青"，表明自己坚持民族气节至死不渝的决心。他拒绝了蒙古人的多次劝降，最终舍身报国，慷慨就义。

有人说，国家都已经没了，文天祥还在为谁效忠？况且，难道他以为他的死可以阻挡蒙古大军的铁蹄吗？

确实，文天祥的死不管是对自己，还是对时局，都没有一点“好处”。然而，文天祥追求的不是“好处”，而是气节。文天祥慷慨赴死不为什么，只为保全自己的气节。

孟子有一段著名的话，可以作为“气节”的最佳注解，即“富贵不能淫，贫贱不能移，威武不能屈”。在道义和信念面前，有气节的人不会被财富和地位诱惑，也不会被卑贱和贫穷改变，更不会向强权屈服，这样的人才算是顶天立地的大丈夫。

1941 年 12 月，日本侵占中国香港的那一天，留居香港的梅兰芳开始蓄起唇髭。没过几天，浓黑的小胡子就挂在了唱旦角的艺术家脸上。他年幼的儿子梅绍武好奇地问：“爸爸，您怎么不刮胡子了？”

梅兰芳慈祥地回答说：“我留了胡子，日本人还能强迫我演戏吗？”

不久，他回到上海，住在梅花诗屋，闭门谢客，拒绝为日本人演戏。他时常在书房里的台灯下作画，年复一年仅靠卖画和典当度日，生活日渐窘迫。上海的几家戏院老板见他生活如此困难，争相邀他演戏，却都被他婉言谢绝了。

一天，汪伪政府的大头目褚民谊突然闯入梅兰芳家中，要他作为团长率领剧团赴南京、长春和东京进行巡回演出，以庆祝所谓“大东亚战争胜利”一周年。

梅兰芳用手指了指自己的脸，沉着地说：“我已经上了年纪，很长时间没有吊嗓子了，早已退出戏台。”

褚民谊阴险地笑道：“小胡子可以刮掉，嗓子吊吊也会恢复的。哈，哈，哈！”

笑声未落，只听梅兰芳说：“我听说您一向喜欢玩儿票，大花脸唱得很不错。您作为团长率领剧团去慰问，岂不是比我强得多吗？何必非我不可！”褚民谊听到这里，顿时敛住笑脸，脸上红一阵白一阵，支吾了两句，狼狈地离开了。

梅兰芳一身傲骨，不畏强权，为了坚守心中的正义，宁可舍弃心爱的艺术，可谓“临大节而不可夺”的典型。

即使身处逆境也坚贞不屈，正如于谦的《石灰吟》所言：粉身碎骨浑不怕，要留清白在人间。气节表现的不仅仅是人的精神状态，更是人生的道德观念。这里所说的道德观念，是指为了达到理想目标，生死关头不苟且偷生，淫威之下不卑躬屈膝，诱惑面前不低头弯腰的精神。

中华民族几千年来经受了无数的苦难，却依然能够在世界东方屹立不倒，靠的就是中国人心中的气节。气节，是中华民族挺立的脊梁，也应当是每个中国人的脊梁。

第二章
一个人应该怎样活，一生应当怎样过

生命需要自己把握

人的一生，只和两种人相处，一是自己，二是他人。人生时空本是一个浑融的圆，所以无论自处，还是处人，就像在画圆，以自觉、自度为圆心，以慈悲、利他为半径，所画出来的就是那个人生时空的圆。

要想将这圆画得圆满，最重要的莫过于认识自己。

神会禅师前去拜见六祖，六祖问他："你从哪里来？"

神会答道："没从哪里来。"

六祖问："为什么不回去？"

神会答："没有来，谈什么回去？"

"你把生命带来了吗？"

神会答："带来了。"

"既有生命，应该知道自己生命中的真相了吧？"

神会答："只有肉身来来去去，没有灵魂往往返返！"

六祖拾起禅杖，打了他一下。

神会毫不躲避，只是高声问："和尚坐禅时，是见还是不见？"

六祖又杖打了三下，才说："我打你，是痛还是不痛？"

神会答："感觉痛，又不痛。"

"痛或不痛，有什么意义？"

神会答："只有俗人才会因为痛而有怨恨之心，木头和石头是不会感觉到痛的。"

“这就是了！生命是要超越一切世俗观念，舍弃一切尘缘与贪欲的。见与不见，又有什么关系？痛与不痛，又能怎样？无法摆脱躯壳的束缚，还谈什么生命的本原？”

六祖又说：“问路的人是因为不知道去路，如果知道，还用问吗？你生命的本原只有自己能够看到，因为你迷失了，所以你才来问我有没有看见你的生命。生命需要自己把握，何必问我见或不见？”

神会默默礼拜合十。

在神会禅师双手合十的刹那，你是否在一片智慧禅光中看到了自己呢？

做人应该做一面镜子，时时刻刻通过对自身的观照来反省，不断加深对自己的认识。而现实中，人们常常“认识诸世间，不能认识自己”，就像“不识庐山真面目，只缘身在此山中”一样。

心不动，方识自身

阿瑟刚当上军官时，心里很高兴。每当行军时，阿瑟总是喜欢走在队伍的后面。

一次在行军过程中，他的敌人取笑他说：“你们看，阿瑟哪儿像一个军官，倒像一个放牧的。”

阿瑟听后，便走在了队伍的中间，他的敌人又讥讽他说：“你们看，阿瑟哪儿像个军官，简直是一个十足的胆小鬼，躲到队伍中间去了。”

阿瑟听后，又走到了队伍的最前面，他的敌人又说：“你们瞧，阿瑟带兵打仗还没打过一个胜仗，他就高傲地走在队伍的最前边，真不害臊！”

阿瑟听后，心想：如果什么事都得听别人的话，自己连走路都不会了。从那以后，他想怎么走就怎么走了。

“走自己的路，让别人说去吧！”自己的路自己走，与人何干？谁能代替你走路吗？谁能代替你做决定吗？自己的人生要自己做主，自己的命运需要自己主宰。人，要依据自己的心，作出自己的判断，不能总被外界的境遇左右。

为什么人最难认清自己？主要是因为真心蒙尘。就像一面镜子，被灰尘遮盖，就不能清晰地映照出物体的形貌。真心不显，妄心就会成为人的主人，时时刻刻攀缘外境，心猿意马，不肯休息。人体如一村庄，此村庄中主人已被幽囚，为另外六个强盗土匪（前六识）占有，他们常在此兴风作浪，追逐六尘，让人不得安宁。

心不动才能真正认清自己。遇到顺境不动，遇到逆境也不动，这样才能不受任何外在的影响。现代人的状况大多相反，遇到顺境的时候高兴得不得了，遇到逆境的时候痛苦得不得了，这就带来许多痛苦。

其实，我们遇到的任何外境都一样，如果我们能够了解这一点，就不会被六尘所诱惑，亦不会被六识所蒙蔽。

有自我评判标准

不要让众人的意见淹没了你的才能和个性。一味地听从别人的意见，你就会迷失自我。你只需听从自己内心的声音，做好自己就足够了。

一位小有名气的年轻画家画完一幅杰作后，拿到展厅去展出。为了能听取更多的意见，他特意在他的画作旁放上一支笔。这样一来，每一位观赏者，如果认为此画有败笔之处，都可以直接用笔在上面圈点。

当天晚上，年轻画家兴冲冲地去取画，却发现整个画面都被涂满了记号，没有一笔一画不被指责的。他十分懊丧，对这次的尝试深感失望。

他把他的遭遇告诉了另外一位朋友，朋友告诉他不妨换一种方式试试。于是，他临摹了同样一张画拿去展出。但是这一次，他要求每位观赏者将其最为欣赏的妙笔之处标上记号。

等到他再取回画时，结果发现画面也被涂遍了记号。一切曾被指责的地方，如今却都换上了赞美的标记。

“哦！”他不无感慨地说，“现在我终于发现了一个奥秘：无论做什么事情，不可能让所有的人都满意。因为，在一些人看来是丑恶的东西，而在另一些人眼里或许是美好的。”

不同的人在面对同一件事物时，持有相异的观点，往往会发出不同的感慨。有时同一个人关于同一事件的观点，也会因时间的推移而变化，如果我们想用追随他人的喜好的方法来讨好他们的话，那是一件多么辛苦的事情啊。因为我们不可能让所有人都喜欢，人生来就有差异，喜好、兴趣、性格等也由此不同，唯有“以不变应万变”才是最佳的生存方法。

坚持自己的主张

盲目听从他人的意见是非常可悲的事情，最终将导致一事无成。

鹤拿起针线要在自己的白裙子上绣一朵花。刚绣了几针，孔雀过来问：“鹤妹你绣的什么花呀？”

“我绣的是桃花，这样能显出我的娇媚。”鹤羞涩地说。

“咳，干什么要绣桃花哩？桃花是易落的花，不吉祥，还是绣月月红吧，又大方、又吉利！”鹤听了孔雀的话觉得很有道理，便把绣好的金线拆了改绣月月红。正绣得入神时，只听锦鸡在耳边说道：“鹤姐，月月红花瓣太少了，显得有些单调，我看还是绣朵牡丹吧。牡丹是富贵花呀，显得多么华贵！”

鹤又觉得锦鸡说得对，便又把绣好的月月红拆了，重新开始绣牡丹。

绣了一半，画眉飞过来，在头上惊叫道：“鹤嫂，你爱在水塘里栖歇，应该绣荷花才是，为什么要去绣牡丹呢？这跟你的习性太不协调了，荷花是多么清淡素雅，出淤泥而不染，亭亭玉立的多美呀！”鹤听了，觉得也是，便把牡丹拆了改绣荷花……

每当鹤快绣好一朵花时，总有人提不同的建议。她绣了拆，拆了绣，最终没有绣成一朵花。

很多人都有一种随波逐流的从众心理，他们做事的动机往往不是那么明确，看到别人怎么做自己也怎么做，而不是按照自己的主观意愿去行动。尤其是在通往成功、幸福、快乐之类的道路上，一切似乎已经有了约定俗成的标准。可是，长此以往，人就会逐渐失去自我。

个人品性的锻炼应该从认识自我开始。人能够突破环境，就是在基于自我意识和自知之明的双重思虑中产生的出色动力。

我们怎样看待自己，不但影响自己的态度和行为，也影响我们看待他人的方式。我们处处以他人为镜子，将使自己的个性不够完善，导致自我的迷失。俗话说：“众口铄金，积毁销骨。”能在无数人的否定中肯定自我的人是具有大智慧的人，也是能走向成功的人。能够在无数人的打击中昂然挺立，坚持自己的判断，这样的人又怎能不有所成就？

凡事不可先入为主

在现实生活中，我们需要有自己的判断，但是不能凭空判断，陷入先入为主的境地。固执地以自己的原则为他人设定框架，一旦他超出我们设定的框架，我们就感到失望，感到烦恼和痛苦。

一位老禅师和一位老农坐在一个小城镇的道路旁下棋。一位陌生人骑马来到他们的身边，把马停下来，向他们问道："师父，请问这里是什么镇？住在这里的居民属于哪种类型？我正想决定是否搬到这里居住。"

老禅师抬头望了一下这位陌生人，反问道："你刚离开的那个小镇上住的人，是属于哪一类的人呢？"

陌生人回答说："住的都是些不三不四的人，素质十分低下，我住在那儿感到不愉快，因此打算搬到这儿来居住。"

老禅师说："施主，恐怕你搬到这里来住也会感到失望的，因为这个镇上的人与你离开的那个镇上的人完全一样。"

过了不久，又有另一位陌生人向老禅师打听同样的事情，老禅师又反问他同样的问题。

这位陌生人回答说："啊，我以前居住的小镇上的人都十分友好，我的家人在那儿度过了一段美好的时光，但我正在寻找一个比我以前居住地方更有发展机会的城镇，因此我们搬出来了，尽管我们还很留恋以前的城镇。"

老禅师说道："年轻人，你很幸运，在这里居住的人都是跟你差不多的人，相信你会喜欢他们，他们也会喜欢你的。"

一旁的老农不明白，为什么同样的问题，老禅师给出了不同的答案，甚至是两个截然相反的答案。

老禅师告诉他："念由心生，如果你以欢喜之心待人，自然看万事万物都欢喜，如果你以悲苦之心待人，自然看万事万物都悲苦。"

虽然每个人心目中所认为应该的，或我们对每个人所认为应该的，各有不同，但包含"应该"之念是一致的。换言之，我们大多数人常以理想的标准来要求别人，要求这个世界。然而，我们却也由此对别人、对世界产生了失望之情。所以，自主不是随意的一己之念，而是以深入了解为前提的。

让自己成为珍珠

有一个自以为是全才的女郎，毕业以后屡次碰壁，一直找不到理想的工作。她觉得自己怀才不遇，对社会非常失望，认为没有伯乐来赏识她这匹“千里马”。

痛苦绝望之下，她来到大海边，打算就此结束自己的生命。

在她正要自杀的时候，正好有一个老妇人从这里走过。老妇人问她为什么要走绝路，她说自己不能得到别人和社会的承认，得不到欣赏和重用……

老妇人从脚下的沙滩上捡起一粒沙子，让女郎看了看，然后就随便地扔在地上，说：“请你把我刚才扔在地上的那粒沙子捡起来。”

“这根本不可能！”女郎说。

老妇人没有说话，接着又从自己口袋里掏出一颗晶莹剔透的珍珠，又随便扔在了地上，然后对女郎说：“你能不能把这个珍珠捡起来呢？”

“这当然可以。”

“那你应该明白是为什么了吧？你应该知道，现在你自己还不是一颗珍珠，所以你还不能苛求别人立即承认你，如果要别人承认，那你就要由沙子变成一颗珍珠才行。”

当我们抱怨现实对我们的不公之时，先问一下自己到底是珍珠还是沙子。

如果暂时还不是珍珠，那就努力让自己成为珍珠，相信沙子再多，也掩盖不住珍珠的光彩。生活中，怀才不遇时，不妨审视一下自身，看看是否还存在某些不足。但不管实际情况是不是如此，人都应该端正心态，能屈能伸，只有这样，你才能脚踏实地地为自己赢来生活的转机。

富贵不在天

“贫富都一样，大难无处藏”，每个人都有佛性与善良的一面，以法理或良知唤醒世人心中的真诚与善良，才能从根本上救度世人远离邪恶，脱离苦海。同样的道理，送人一袋金钱，不如启发他的善心，因为诚心善念才是一个生命能够走向未来的最根本的保证。

一天早上，一位只有一只手的乞丐来到一座寺院向彻悟方丈乞讨，方丈毫不客气地指着门前一堆砖对乞丐说：“你帮我把这些砖头搬到后院去，我就给你饭吃！”

乞丐很生气地说：“我只有一只手，怎么搬砖头呢？不愿给就不给，何必这么捉弄人呢？”说完他怒气冲冲地向寺外走去。

方丈什么话也没有说，用一只手搬起一块砖头，说道：“这样的事一只手也能做得到，你为何不愿去做呢？”

乞丐便不再争辩什么，就用他的一只手依方丈的话搬起砖头来。

他整整搬了一个上午，才把砖搬完。

最后，方丈递给乞丐一些银子，乞丐接过钱，很感激地说：“谢谢你！”

方丈说：“不用谢我，这是你凭自己的劳动赚到的钱。”

乞丐说：“我永远不会忘记你的。”说完深深地鞠了一躬，就上路了。

过了不久，这座寺院又来了一位乞丐。方丈把他带到后院，指着那堆砖头对他说："你把这堆砖头搬到屋前，我就给你银子。"但是这位双手健全的乞丐却鄙夷地朝方丈瞪了一眼，头也不回地走开了。

弟子不解地问方丈："上次你叫乞丐把砖头从屋前搬到后院，这次你又叫乞丐把砖头从屋后搬到屋前，你到底想把砖头放到后院，还是屋前？"

方丈微笑着对弟子说："对我们来说，砖头放在屋前和放在屋后都一样，可搬与不搬对乞丐来说就不一样了。"

若干年以后，一位衣着体面的人来到寺院拜望方丈。他气度不凡，但美中不足的是，这个人只有一只左手，原来他就是用一只手搬砖头的那位乞丐。

自从方丈让他搬砖以后，他明白了方丈的用意，找到了自己的价值，然后靠自己的手劳动，靠自己的头脑思考，奋力拼搏，终于有所成就。而那位双手健全的乞丐如今还依然在村落中行乞。

故事很简单，却告诉我们一个深刻的道理：如何依靠自己的力量寻找到自我的价值。也就是靠自己的双手劳动、靠自己的头脑思考，从自身发现自我。可是我们放眼望去，是不是每个人都具备这两种最基本的品格呢？是不是每个人都能无愧地称"流自己的汗，吃自己的饭"呢？

那个一只手的乞丐，在一开始并没有意识到他的价值所在，他认为自己是个残疾人，已经失去了一个正常人的生活能力，从而自暴自弃，放弃了可以依靠自己有尊严地生活的可能。但是方丈的言行触动了他，让他有机会思考，有机会认识到他虽然少了一只手，可并不妨碍他用劳动给自己创造生存下去的机会，而且可贵的是他勇敢地去做了，最后他发现了自己的价值所在。

与之相反的是另一个双手健全的乞丐，他很直接地放弃了给自己一个发现自我价值的机会，丝毫也不理会方丈的一番良苦用心，所以就注定这个人不可能走向成功。

其实生活在现实中的每一个人，都可能会遇到这样或那样的挫折和困难，问题的关键在于我们如何去认知自己，找到自我的价值所在，然后去努力拼搏最终走向成功。

问自己竭尽全力了吗

娜拉小时候学芭蕾舞时，父亲对她严格得近乎残酷。每当她想停下来休息时，父亲总是问："你竭尽全力了吗？"娜拉便咬着牙继续练，到精疲力竭无法站立时，才瘫坐在地上休息。日复一日枯燥乏味的练功生活使娜拉觉得学芭蕾舞简直是一种痛苦，她开始厌烦练功，打算放弃芭蕾舞。

父亲得知她的打算后问："当初是谁决定让你学芭蕾舞的？"

娜拉惭愧地说："是我。"

父亲说："你今天放弃了芭蕾，明天还会放弃别的，因为干任何事情都会遇到无法预料的艰难。如果你决定去做什么事，你就要用尽全力去做，否则你会一事无成。"

娜拉委屈地说："可我天天的生活都是一样的，那就是练功。"

父亲说："任何一个学芭蕾舞的人都是这样，别人都能做到，你为什么不能，除非你是弱者。"

娜拉不想成为弱者，她用父亲经常说的"你竭尽全力了吗？"这句话反问自己，练功累了就用海绵擦洗一下四肢，借以恢复体力。最后她的舞步练得灵巧如燕，终于成了一名著名的芭蕾舞演员。

"你竭尽全力了吗？"任何一个渴望改变现状而没有什么

变化的人都该这样问问自己。有了前进的目标，就要坚定自己的信念，竭尽全力地去实现它。只有竭尽全力地付诸行动，理想才能成为现实；如果犹疑不决，三心二意，成功只会与你失之交臂。

如果你感觉自己奋斗了，可是境况却没有什么变化，你一定要问问自己，竭尽全力了吗？

每个生命都有自己的光彩

一只老鼠掉进了一只桶里，怎么也出不来。老鼠吱吱地叫着，它发出了哀叫，可是谁也听不见。可怜的老鼠心想，这只桶大概就是自己的坟墓了。正在这时，一只大象经过桶边，用鼻子把老鼠吊了出来。

“谢谢你，大象。你救了我的命，我希望能报答你。”

大象笑着说：“你准备怎么报答我呢？你不过是一只小小的老鼠。”

过了一些日子，大象不幸被猎人捉住了。猎人用绳子把大象捆了起来，准备等天亮后运走。大象伤心地躺在地上，无论怎么挣扎，也无法把绳子扯断。

突然，小老鼠出现了。它开始咬绳子，终于在天亮前咬断了绳子，替大象松了绑。

大象感激地说：“谢谢你救了我的性命！你真的很强大！”

“不，其实我只是一只小小的老鼠。”小老鼠平静地回答。

每个生命都有绽放光彩的一面，即使一只小小的老鼠，也能够拯救比自己体型大很多的大象。一个真正有道的人，即使别人看不起他，把他看成是卑贱的人，他也不受影响，因为他知道自己的人格、道德，不一定要求别人来了解、来重视。他依然会在自我的生命驿旅中将智慧的种子撒播到世间各处。

也许你只是一朵残缺的花，只是一片凋零的叶，一张平凡的白纸，或只是流转的岁月长轴中平淡的一抹笔调，但只要你拥有自己的信仰，并将自己的长处发挥到极致，就会成为成功驾驭生活的勇士。

选准适合自己的角色

从前，一位陶工制作了一只精美的彩釉陶罐，他把这只精美的陶罐搬回家中放到了屋角的一块石头上。

陶罐认为主人把自己放错了地方，整天唉声叹气地抱怨说："我这么漂亮，这么精致，为什么不把我放到皇宫里作为收藏品呢？即使摆放到商店展出，也比待在这儿强啊！"

陶罐底下的石头听了忍不住劝它："这儿不是也挺好吗？我比你待的时间还久呢。"

陶罐听了讥讽石头说："你算什么东西？只不过是一块垫脚石罢了，你有我这么漂亮的图案么？和你在一起我真感到羞耻。"

石头争辩说："我确实不如你漂亮好看，我生来就是做垫脚石的，但在完成本职任务方面，我不见得比你差……"

"住嘴！"陶罐愤怒地说，"你怎么敢和我相提并论！你等着吧，要不了多久，我就会被送到皇宫成为收藏品……"它越说越激动，不提防摇晃了一下，"哗啦"掉在地上，摔成了一堆碎片。

一年一年过去了，世界发生了许多事情，一个又一个王朝覆灭了，陶工的房子早已倒塌了，石块和那堆陶罐碎片被遗落在荒凉的场地上。历史在它们的上面积满了渣滓和尘土，一个世纪连着一个世纪。

许多年以后的一天，人们来到这里，掘开厚厚的堆积，发现了那块石头。

人们把石块上的泥土刷掉，露出了晶莹的颜色。"啊，这块石头可是一块价值连城的宝玉呢！”一个人惊讶地说。

“谢谢你们！”石块兴奋地说，“我的朋友陶罐碎片就在我的旁边，请你们把它也发掘出来吧，它一定闷得够受了。”

人们把陶罐碎片捡起来，翻来覆去查看了一番，说：“这只是一堆普通的陶罐碎片，一点儿价值也没有。”说完就把这些陶罐碎片扔进了垃圾堆。

社会是一座舞台，要想在这个舞台上当一名好演员，就必须根据自己的素质、才能、兴趣和环境条件，选择适合自己的社会角色。只能演配角就不要去争当主角，适合当士兵就别奢望当将军。如果认不清自己，不满足于普通的角色，把自己摆错了位置，到头来只会白费力气，一事无成。反之，一旦选准了适合的角色，走向成功也是顺理成章的事情。

永远不要贬低自己

在一次演讲会上，一位著名的演说家手里高举着一张10美元的钞票，讲了一句开场白后，面对大厅内的听众，他问：“谁想要这10美元？”

一只只手举了起来。

“我打算把这10美元送给你们中的一位，但在这之前，请准许我做一件事。”他说着将钞票揉成一团，然后问：“谁还要？”

仍有人举起手来。

“那么，假如我这样做又会怎么样呢？”他接着把钞票扔到地上，又踏上一只脚，并且用脚碾它。当钞票变得又脏又皱的时候，他才捡起来，说：“现在谁还要？”

还是有人举起手来。

个人的才能如同那张钞票，即使会受到刁难否定，它的实际价值也不会变的，它依然是10美元。在人生路上，我们常会遭遇各种各样的逆境，这使我们对自己产生怀疑，认为自己似乎一文不值，结果被现实击倒。其实，才能本身是不会贬值的，能使才能贬值的是一颗怀疑、不自信的心！

我们的才能不是取决于别人对我们的态度，也不会因为我们遭受挫败而贬值，无论别人怎么侮辱你、诋毁你、践踏你，你的能力依然存在。因此，正视自己的能力，不要因为别人的评价和态度而改变对自己的看法，无论别人怎么说，你的能力都不会因此而改变。

在生活中，谁都想最大限度地发挥自己的能量，在更大程度上获得社会的承认。而要做到这一点，你就必须根据自己的特长和爱好选准适合自己扮演的社会角色。

天生我材必有用

一个人不怕没有地位，最怕没有什么东西让自己站得起来。古人认为三件不朽的事业为：立德、立功、立言，这些成就或许很难达到。对于普通人来说，“立”是自己真实的本领，要让自己有一技之长。孔子曾对仲弓说：“犁牛之子骍且角，虽欲勿用，山川其舍诸？”天地之神不会把有用的材具平白无故地投闲置散的。孔子是在告诫仲弓，你心里不要有自卑感，不要介意自己的家庭出身如何，只要自己有真才实学，别人不用你，天地鬼神都不会答应的。

一个有能力的人是不必担心没有机会的。只要自身有真本领，就一定能出人头地。

毛遂最初在平原君门下当食客，整整三年一直默默无闻，总得不到施展才华的机会。一次，碰上秦军大举进攻赵国，秦军将赵国都城邯郸团团围住，情况十分危急。赵王只好派平原君出使楚国，向楚国求救。平原君到楚国去之前，召集他所有的门客商议，决定从这千余名门客中挑选出 20 名能文善武、足智多谋的人随同前往。他们挑来挑去，最终只有 19 人合乎条件，还差 1 个人，却怎么挑也觉得不满意。这时，毛遂主动站了出来，说："我愿随平原君前往楚国，哪怕是凑个数！"

平原君一看，是平常不曾注意的毛遂，便不以为然，只是婉转地说："你到我门下已经三年了，却从未听到有人在我面前称赞过你，可见你并无什么过人之处。一个有才能的人在世上，就好像锥子装在口袋里，锥子尖儿很快就会穿破口袋钻出来，人们很快就能发现他。而你一直未能出头露面显示你的本事，我怎么能够带上没有本事的人去楚国呢？"毛遂并不生气，他心平气和地据理力争："您说的话并不全对。我之所以没有像锥子从口袋里钻出锥尖儿，是因为我从来没有像锥子一样放进您的口袋里呀。如果您早就将我这把锥子放进口袋，我敢说，我不仅像锥尖儿钻出口袋，我还会将整个锥子像麦穗子一样全部露出来。"平原君觉得毛遂说得很有道理且长得气度不凡，便答应毛遂作为自己的随从，连夜赶往楚国。后来凭着毛遂的帮助，终获成功。

世间沧海桑田，总有永恒不变的东西。才能便是其中的一种。要相信自己，不轻贱自己，不要对自己产生怀疑，否则，即使你再有才能，也如同蒙尘的珠玉，被视为毫无价值的沙粒。

做真实的自己

一个不爱自己的人，也无法爱他人。

有一只乌龟在沙滩上晒太阳时，几只螃蟹爬过来，它们看到乌龟背上的甲壳，便嘲笑道："瞧瞧，那是一只什么怪物啊，身上背着厚厚的壳不说，壳上还有乱七八糟的花纹，真是难看死了。”

乌龟听后，觉得很羞愧，因为它自己早就痛恨这身盔甲，可这是从娘胎里带出来的，没法儿改变，它只能把头缩进壳里，想来个眼不见、耳不听，还能落得个清静。

谁知螃蟹们见乌龟不反驳，便得寸进尺：“哟，还有羞耻心呢，以为把头缩进去，就能改变你一出生就穿破马甲的命运吗？”乌龟没有应答，螃蟹自讨没趣，于是走了。

乌龟等螃蟹们走后，伸出头，迈动四肢，找到一处礁石，把它的背部靠在礁石上不停地磨，想磨掉那件给它带来耻辱的破马甲。

终于，乌龟把背磨平了，马甲不见了，但弄得全身鲜血淋漓，疼痛不堪。

这天，东海龙王召集文武百官开会，宣布封乌龟家族为一等伯爵，并令它们全体上朝叩谢圣恩。

在乌龟家族里，龙王一眼就瞧见了那只已没有马甲的乌龟，大怒道：“你是何方妖怪，胆敢冒充乌龟家族成员来受封？”

“大王，我是乌龟呀！”

“放肆，你还想骗朕，马甲是你们龟类的标志，如今你连标志都没有了，已失去了本色，还有什么资格说是乌龟！”说完，龙王大手一挥，虾兵蟹将们就将这只丢掉本色的乌龟赶出了龙宫。

可怜的小乌龟并不知晓自己甲壳的作用，最后将自己弄得面目全非，被赶出乌龟家族。

正如世上没有两片相同的树叶一样，在这个世界上，也没有两个人是完全相同的。我们每一个人在这世上都是独一无二的。以前没有像我们一样的人，以后也不会有。

遗传学告诉我们，人是由父亲和母亲各自的 24 条染色体组合而成的，这 48 条染色体决定了这个人的遗传，每一条染色体中有数百个基因，任何单一基因都足以改变一个人的一生。事实上，人类生命的形成真是一种令人敬畏的奥妙。

我们每一个人都是崭新的、独一无二的。如果我们要独立自主，发展自己，只有靠自己。但这并不表示我们一定要标新立异，并不表示我们要奇装异服或是举止怪诞。事实上，只要我们在遵守团体规则的前提下保持自我本色，不人云亦云，不亦步亦趋，就能做我们自己。

每个人都是独一无二的，不同的人有不同的特质，各式各样的人都有属于自己的精彩。我们只需做真实的自己，活出自我本色，就是对生命的最大尊重。

虚荣吞噬一切

有一只高傲的乌鸦非常瞧不起自己的同伴。它到处寻找孔雀的羽毛，一根一根地藏起来。等搜集得差不多了，它就把这些孔雀的羽毛插在自己乌黑的身上，直至将自己打扮得五彩缤纷，看起来真有点儿像孔雀为止。然后，它离开乌鸦的队伍，混到孔雀群中。但当孔雀们看到这位新同伴时，立即注意到这位来客插着它们的羽毛，忸忸怩怩、装腔作势，大伙都气愤极了。它们扯去乌鸦所有的假羽毛，拼命地啄它、扯它，直揍得它头破血流，痛得昏死在地。

乌鸦苏醒后，不知该怎么办才好。它再也不好意思回到乌鸦同伴那里去。想当初，自己插着孔雀羽毛，神气活现的时候，是多么地看不起自己的同伴啊！

最后，它终于决定还是老老实实地回到同伴们那儿去。有一只乌鸦问它："请告诉我，你瞧不起自己的同伴，拼命想抬高自己，你可知道害羞？要是你老老实实地穿着这件天赐的黑衣服，如今也不至于受这么大的痛苦和侮辱了。当人家扒下你那伪装的外衣时，你不觉得难为情吗？"说完，谁也不理睬它，大伙一起高高飞走了。

地面上，那只梦想当孔雀的乌鸦被孤零零地留下了。

莎士比亚说："轻浮的虚荣是一个十足的饕餮者，它在吞噬一切之后，结果必然牺牲在自己的贪欲之下。"虚荣是一件无聊的、骗人的东西。我们要时时提醒自己远离虚荣，以免被它撞得头破血流。

虚荣是虚妄的荣耀，是掩耳盗铃的现代解释，是无知无能的人最想依赖而实际上最依靠不住的心灵稻草。稻草人是用来吓唬乌鸦及其他动物的，而你是人，是有智商的，你想用稻草人来保护自己，真是愚蠢至极。

虚荣心是一种为了满足自己荣誉、社会地位的欲望。虚荣心强的人往往不惜玩弄欺骗、诡诈的手段来炫耀、显示自己，借此博取他人的称赞和羡慕，最大限度地满足自己的虚荣心。但是由于这种人自身素质低、修养差，经常是真善美与假恶丑不分，往往把肉麻当有趣，将粗俗当高雅；打扮不合时宜，矫揉造作，不伦不类，使人感到很不舒服，甚至产生恶心之感。

乌鸦，因为贪慕虚荣，盲目追求标新立异的效果，结果弄巧成拙，留下了笑柄。

没错，华丽的外表无法掩饰心灵的空虚。很难想象一个爱慕虚荣的人能有多大的成就，因为他们总是把一些浮在表面上的东西作为提高自己地位的条件，而不是扎实地生活和工作。由于虚荣心具有许多负面的东西，是一种扭曲的人格，它多半会遭到他人的反感和敌意，甚至攻击，因此要尽量克服它。

要克服虚荣心，关键是要树立正确的荣辱观，即对荣誉、地位、得失、面子要持有一种正确的态度，不可过分地追求荣华富贵、安逸享受，否则就真的陷入爱慕虚荣的怪圈了。

虚荣心会将你带入无知的深渊。你如果只是追求名誉、地位，看重他人对你的看法，那你就会在无意中将真实和真理拒之于千里之外。追求虚荣是一种心态，是与追求真理相悖的一种肤浅意识。

活着只为充实自己

从前，在夏威夷有一对双胞胎王子。有一天，国王想为大儿子娶媳妇了，便问他喜欢怎样的女性。

大王子回答："我喜欢瘦的女孩子。"

知道了这消息的岛上年轻女性想："如果顺利的话，或许能攀上枝头做凤凰。"于是，大家争先恐后地开始减肥。

不知不觉，岛上几乎没有胖的女性了。不仅如此，因为女孩子一碰面就竞相比较谁更苗条，甚至出现了因为营养不良而得重病的情况。

但后来却出现了意外的情况，大王子因为生病一下子就过世了，于是，国王决定由其弟弟来继承王位。

于是，国王又想为小王子娶媳妇，便问他同样的问题。"现在女孩都太瘦弱了，而我比较喜欢丰满的女性。"小王子说。

知道消息的岛上的年轻女性，又开始竞相大吃特吃。于是，岛上几乎没有瘦的女性了，岛上的食物也被吃得匮乏，甚至连为预防饥荒的粮食也几乎被吃光了。

最后，王子所选的新娘，却是一位不胖不瘦的女性。

王子的理由是："不胖也不瘦的女性，更显青春和健康。"

没有自我的生活是苦不堪言的，没有自我的人生是索然无味的，没有自我的命运是可悲可叹的。要想拥有美好的生活，必须自强自立，拥有良好的生存能力。没有生存能力又缺乏自信的人，肯定没有自我。一个人若失去自我，就没有做人的尊严，就不能获得别人的尊重。

活着应该是为充实自己，而不是为了迎合别人。没有自我的人，总是考虑别人的看法，这是在为别人活着，所以活得很累。

有些人觉得：老实巴交吧，会吃亏，会被人轻视；表现出格吧，又引来责怪，遭受压制；甘愿瞎混吧，实在活得没劲；有所追求吧，每走一步都要加倍小心。家庭之间、同事之间、上下级之间、新老之间、男女之间……天晓得怎么会生出那么多是是非非：你和新来的女同事有所接近，有人就会怀疑你居心不良；你到某领导办公室去了一趟，就会引起这样或那样的议论；你说话直言不讳，人家必然感觉你骄傲自满，目中无人；如果你工作第一，不管其他，人家就会说你不是死心眼太傻，就是有权欲野心……凡此种种飞短流长的议论和窃窃私语，可以说是无处不生，无孔不入。如果你的听觉视觉尚未失灵，再有意无意地卷入某种漩涡，那你的大脑很快就会塞满乱七八糟的东西，弄得你头昏眼花，心乱如麻，岂能不累？

我们无法改变别人的看法，但能改变自我的想法。想要讨好每个人是愚蠢的，也是没有必要的。与其把精力花在一味地去献媚别人，无时无刻地去顺从别人上，还不如踏踏实实做人，兢兢业业做事。改变别人的看法总是艰难的，改变自己却是容易的。

有时自己改变了，也能恰当地改变别人的看法。太在乎别人随意的评价，自己不努力自强，人生就会苦海无边。别人公正的看法，应当作为我们的参考，以利修身养性；别人不公正的看法，不要把它放在心上，以免影响我们的心情。如此一来，我们就不会为别人的看法而耿耿于怀，就能够按照自己的意愿去生活了。

第三章
以礼立身，雕琢人性的美玉

不学礼，无以立

有一次，孔子的儿子孔鲤快步走过庭院，正好被孔子看到，孔子喊住孔鲤，问道："学礼没有？"孔鲤摇摇头，说："还没来得及学呢。"孔子一挥衣袖说："不学礼，无以立！"即不学习礼，你就无法立身处世。孔鲤听完便跑回去学礼了。

这就是"庭训"一词的来历，从中我们也可以看到孔子对"礼"的看法。他认为，"礼"是一个人在社会上立身的根本，一个无礼之人是无法在社会上立足的。

孔子也常教导他的学生们要学礼、懂礼，而他自己又是怎样做的呢？

"子见齐衰者、冕衣裳者与瞽者，见之，虽少，必作；过之，必趋。"当做官的人、穿丧服的人，还有盲人路过他面前时，不管这个人多么年轻，他也一定要站起来；如果他要从这些人面前经过，他就小步快走，以表示对这些人的尊敬。

对有官位的人，应该表示尊敬；身上戴孝的人是遭遇不幸的人，对他们也应该表示尊敬；盲人，用今天的话来说，叫"弱势群体"，对他们更应该表示尊敬。

《论语·乡党》记载："乡人饮酒，杖者出，斯出矣。""乡人傩，朝服而立于阼阶。"乡亲们一起行饮酒礼，仪式结束后，孔子总是要等拄手杖的老人出门后，自己才走，绝不与老人抢行。乡亲们举行驱鬼的仪式，孔子一定穿着朝服，恭敬地站在东面的台阶上。

孔子的学生子路曾经问他怎样才能成为一个君子，孔子告诉他说："修己以敬。"即好好修炼自己，保持严肃恭敬的态度。

子路一听，做到这四个字就能当君子了？不会这么简单吧？于是又追问，说："如斯而已乎？"即，这样就行了吗？

孔子又补充了一点说："修己以安人。"意思是在修炼好自己的道德后，如果你还有余力就替他人考虑一下吧。

美国成功学家马尔登也说过："文明的举止，还有这背后所蕴藏的对人的体谅、关心，是我们人生的一笔巨大财富。"不同的举止可以使我们或者恼怒，或者平静；或者兴高采烈，或者羞愧难当；或者与禽兽为伍，或者与圣贤同行。这种东西好像是我们日常呼吸的空气一般，平时我们感觉不到它的存在，但它会在潜移默化中对我们产生作用。

多年前，苏联宇航员加加林乘坐"东方"号宇宙飞船进入太空遨游108分钟，成为世界上第一位进入太空的宇航员。加加林能在20多名宇航员中脱颖而出，最后起决定作用的竟是一个偶然事件。

原来，在确定人选前一个星期，主设计师罗廖夫发现：在进入飞船前，只有加加林一人脱下鞋子，只穿袜子进入座舱。就是因为这个礼节，加加林一下子赢得了主设计师的好感。罗廖夫感到这个27岁的青年如此懂得规矩，又如此珍爱自己为之倾注心血的飞船，于是决定让加加林执行这次飞行。

脱鞋入舱这一基本的礼节使加加林第一个走进了太空。这其实也是孔子的"不学礼，无以立"的体现。

相反，若是不能做到"礼"，则很有可能换来他人的白眼以对，从而让自己的印象被扣分。

黄铃和段锐同时到一家著名广告公司应聘美编。单从作品上看，她们两人的技术水平不相上下。不过黄铃在思路方面略胜一筹，因为她已做过3年的美编。两个人一起被通知参加试用，但最后只能留下一个。

黄铃是个漂亮的女孩，只是有些不拘小节，上班时间从来都是一身T恤短裤的打扮，光脚穿一双凉拖鞋，也不顾电脑室的换鞋规定，穿着鞋就往里走，还振振有词地说："原先公司里的人都这样。"不管是在工作台前画图，还是在电脑前操作，只要活干得顺手，一高兴还会把鞋踢飞。刚开始，同事们还把她的鞋藏起来，和她开玩笑，做一些善意的提醒。后来发现她根本不在乎，光着脚也到处乱跑，便渐渐对她有些反感。

相反，段锐是第一次工作，多少有点拘谨，穿着也像她的为人一样文静、雅致，还带着少许灵气。她从来不通过发型、化妆来标榜自己的个性，只是在小饰物上显示出不同于一般女孩的审美，说话也温温柔柔的，十分娴静可爱。

有一天中午，电脑室的空气中忽然飘出腥臭的味道，所有人都用猜疑的目光观察周围人的脚，想弄清到底谁是"发源地"。后来，大家听到窗台下面有响声，一看原来那里放着一个黑色塑料袋，胆子大的打开来一看，居然是一大袋海鲜。众人的目光不约而同地集中在黄铃身上，没想到她却说："小题大做，原来你们是在找这个。嗨，这可怪不得我，这里的海鲜一点儿都不新鲜。"这时段锐端来一盆水："黄铃，把海鲜放在水里吧，我帮你拿到走廊去，下班后你再装走。"黄铃红着脸把袋子拎走了。

试用了两个月后，公司留下了段锐，尽管她的方案没有黄铃做得好。

由此可见，礼是微妙的东西，黄铃恰恰是因为不重礼而遮挡了自己能力的光芒。

很多时候，礼往往是对人最有用的东西。中国被称为礼仪之邦，礼其实并不只是枯燥的繁文缛节，而是人与人交往的重要条件。

摆正自己的位置

在儒家思想中，“礼”不仅仅是礼节，还是封建社会维持社会、政治秩序，巩固等级制度，调整人与人之间的各种社会关系和权利义务的规范和准则。《礼记》里说：“礼者所以定亲疏，决嫌疑，别同异，明是非也。”又说：“亲亲之杀，尊贤之等，礼所生也。”也就是说，礼的主要作用是“辨异”，是区别人与人之间亲疏、尊卑关系的重要手段。

荀子也说：“人道莫不有辨，辨莫大于分，分莫大于礼。”又说：“故先王案为之制礼义以分之，使贵贱之等、长幼之差、知贤愚能不能之分，皆使人载其事而各得其宜。”按荀子的意思，礼的主要作用就是使不同身份的人知道自己应该做什么，怎么做，应该怎样和其他身份的人打交道。

由此可见，礼其实是社会地位差异的产物。当今社会，虽然特权阶层已经消失，人与人之间从法律上和人格上来讲都是平等的，但是，不可否认，人与人之间的身份差异依然存在，父亲始终是父亲，老师始终是老师，领导始终是领导，朋友始终是朋友。只要这些身份差异依然存在，礼就有它存在的理由，因为不同身份的人始终要端正自己的态度，做符合自己身份的事情。如果儿子也训斥父亲，下属也指使上级，那社会岂不是乱了套？

不管在哪一个时代，每个人都应在自己的位置上，守住自己的本分，扮演好自己的角色，懂得自己在什么时候应该做什么。

一只猫爱上了自己的主人，便请求爱神把自己变成一个女孩儿。爱神同意了它的请求，将它变成一位美丽的少女。主人对她一见钟情，爱上了她。后来，他们便结婚了。

一天，爱神想看看猫变成人之后是否也把习惯改变了。于是，爱神趁他们休息时，在他们的卧室里放了一只老鼠。没想到少女一见到老鼠，就完全忘了自己现在的身份，她立即跳下床去追赶老鼠，并想把它吃掉。

爱神见后，很是失望，便将她重新变回一只猫。

“为什么？”被变回原形的猫十分不满地问。

“做人最重要的是守本分，而你却忘了做人的本分。所以，你只能永远做一只猫。”

守住本分，是做人的底线，也是做人的基本原则。守住本分看似简单，实则不易，每个人的品性中都跳跃着一丝不安分守己的欲望，经常在各种诱惑面前偏离自己的位置。火车一旦脱离轨道，就会发生车毁人亡的重大事故；人一旦偏离自己所在的位置，也会给自己带来不好的后果。

16 世纪末期的日本，茶道风靡贵族阶层，统治者丰臣秀吉非常宠爱首屈一指的茶艺家千利休，将其作为最信任的谘议之一。

然而 1591 年，丰臣秀吉下令逮捕他，并且将其判处死刑。让千利休命运骤变的缘由，是这位成为朝廷新贵的乡下人为自己制作了一座穿着木屐（贵族身份的象征）、态度傲慢的木头雕像，并将这座雕像放在宫内最重要的寺院里，让经常经过的王族清楚地看见。对丰臣秀吉而言，这件事意味着千利休做事没有分寸，以为自己和最上层的贵族享有同样的特权。他已经忘记他的地位的获得完全仰赖幕府将军，而以为是凭一己之力赢得荣宠。这是千利休对自己重要性的误判，为此他付出了生命的代价。

不要以为自己的地位是理所当然的，也不要让荣宠冲昏了头。不要异想天开，以为上司喜爱你，你就可以为所欲为。受宠的部属自以为地位稳固，就抢领导的风头终致失宠的事例简直是不胜枚举。

长期以来，人们把孔子反对逾礼逾规的言论看作是维护等级制度的迂腐之谈。然而，这恰恰是不懂“礼”文化之可贵内涵的表现。不逾越必要的尺度，不仅是做人该拥有的态度，也是一种生存的技巧。

不敬，如礼何

《礼记·礼器》中说：“忠信，礼之本也；义理，礼之文也。无本不立，无文不行。”中国被称为礼仪之邦，但是，在儒家的观念中，“礼”却不仅仅是一种外在的形式，更是人内心美德的外化。在儒家看来，一个人如果内心懂得“敬”，那么他的所作所为自然会符合礼节,如果言行合乎礼节内心却没有“敬爱”之心，是算不上“礼”的。

例如，在儒家传统礼仪中为后人诟病的“三年守孝”，在孔子看来也是“敬”的延伸。

孔子有一个不太听话的弟子，叫宰我，有一次，宰我对孔子说：“老师，守孝的时间是不是太长了？守孝时间久了礼乐之道会生疏的，我觉得一年差不多了。”

面对不开窍的学生，孔子循循善诱地问：“食夫稻，衣夫锦，于女安乎？”意思是父母尸骨未寒，你吃白米饭，穿丝绸衣服，你能安心吗？

宰我想都不想直接回答：“安！”

孔子一听就生气了：“夫君子之居丧，食旨不甘，闻乐不乐，居处不安，故不为也。今女安，则为之。”意思是，为什么要守孝三年？因为真正敬爱父母的人在失去父母的头三年会食不甘味睡不安寝，所以才干脆让他们守制三年以寄托对父母的哀思。既然你觉得安心，那就随便你！

在孔子的眼里，守孝之礼是一种发自内心的敬爱。敬爱父母的人不用别人要求也会守孝，因为那时他们想到父母便睡不安寝食不甘味，而礼只是这种情感的外在表现形式而已。

若是一个人心中没有了“敬”，那么礼就是纯粹的形式，比如宰我，既然能够“安”，那么即使守孝满了三年，也是毫无意义的。所以孔子说：“人而不仁如礼何？人而不仁如乐何？”一个不仁的人，礼节做得再到位，又有什么用呢？

《世说新语》中记载了两个小孩关于礼的辩论，说的就是礼和敬之间的辩证关系。

三国时期魏国大夫钟繇有两个儿子，一个叫钟毓，一个叫钟会。这两兄弟小的时候比较淘气，有一次，趁着父亲睡着了，两兄弟就去偷父亲的酒来喝。也许是过于紧张，他们不小心把钟繇吵醒了，钟繇也不说话，继续假装睡觉，看这两兄弟怎么偷酒喝。

钟毓偷酒的时候，先朝着父亲拜了两拜，然后把酒拿过来喝，轮到钟会的时候，他大口喝酒却不下拜。于是，钟繇就起来问钟毓，说：“你为什么要拜呀？”钟毓说：“酒以成礼，不敢不拜。”喝酒是关乎礼的大事，不能不拜的。接着钟繇又问钟会，说：“你为什么不拜？”钟会回答说：“偷本非礼，所以不拜。”即偷这种事情本来就已经不符合礼节，喝酒的时候哪里还有必要拜？

钟毓和钟会对礼的理解有所不同，在钟毓看来，礼就是一种形式，任何时候都必须遵守。可是在钟会看来，礼是内在仁德的流露，既然偷酒本身就是一件不仁德的事情，那礼也可以免了。

因此，尽管礼是人际交往中的重要因素，但最重要的应该是内心敬重对方。没有美德，要礼干吗？没有敬重，却依然“进退之间合乎礼”，那就是虚伪了。

不管在当代，还是在历史上，都有很多虚伪的人，看上去彬彬有礼，一副笑脸，转过身去却阳奉阴违。有一个成语叫作“口蜜腹剑”，说的就是“人而不仁如礼何”的人。

这种人越是显得彬彬有礼，越是要把人置于死地，对他们来说，“礼”不是促进人与人之间交往的手段，而是让人减少防备的工具。

其实，礼本来是个好东西，发展到后来却变成了一种形式，再到后来，就变成了一张伪装用的面具，那些卑鄙龌龊的事情都被表面上的彬彬有礼所掩盖。这就是为什么道家的老子和庄子反感“礼”的原因。

孔子也看到了这一点，所以他说：“人而不仁如礼何！”“礼”只是“敬”的外化，如果没有“敬爱”的仁心，那么要礼有什么用呢！

厚礼非礼

内心的“仁”和外在的“礼”之间需要和谐统一，若礼节做得不到位，那么就算内心再有仁心仁德，也显得有些粗鄙。礼的特殊性在于，除了需要内心的敬畏之外，礼同时也是一种外在的形式，两者同样重要。

在我们的日常生活中也是如此。那些口蜜腹剑，表面彬彬有礼，其实却一肚子坏水儿的人固然无礼至极，但是那些内心善良、热情，却总是不拘小节，说话没遮拦的人，也多少会让人觉得有些无礼。

在一次祭祀仪式上，子贡想把原来杀活羊祭告天地的环节省略下来，孔子却说：“赐也！尔爱其羊，我爱其礼。”即子贡啊，你舍不得那只羊，我却舍不得那礼节呀。

既然“形式”在礼的环节中占据如此重要的地位，那么我们行礼时是不是越隆重越好呢？当然不是。儒家倡导“中庸之道”，过犹不及，就算是礼节，做过了头也是“非礼”的行为。

正如宋代“二程”所主张的那样：“奢自文生，文过则为奢，不足则为俭。”可见，礼节形式的规模在于“适当”。过于铺张，就是奢侈；而过于节俭，就显得寒酸，这两个极端都是不好的。

但是，“适当”二字说起来容易做起来难，否则孔子也不会说“中庸之为德也，其至矣乎！民鲜久矣”。儒家之道从来都不强求人们去做那些很难做到的事情，既然在“礼”的方面我们很难做到适当，那么退而求其次，我们该怎么做呢？

孔子的学生林放曾经问过孔子礼的根本是什么，孔子回答：“大哉问！礼，与其奢也，宁俭。”说你问得真好啊！礼这个东西，如果做不到适中，那么与其奢侈，不如朴素。

这和我们平时践行的方向似乎正好背道而驰，我们是“礼多人不怪”，礼能多重就多重，能多奢华就多奢华。

比如说丧葬之礼。中国人有厚葬之风，古代那些皇帝没有一个不把建造自己的陵寝作为大事来抓，据说秦始皇陵地宫内就用水银铺就了中国的山川江河形势图！到了唐代更加不得了，往往开山为陵，把整座山都掏空，然后作为陵。虽说“死生亦人之大事也”，但是把丧葬之礼办得如此豪华，着实违背了礼的原则。

不止古代的皇帝如此奢华，即使是现代人，在礼，尤其是丧葬之礼上，也往往做过头，宁奢不肯俭。

网上曾流传一篇关于天价墓葬的报道，提到一些令人咋舌的天价墓：“售价 800 万元，围墙上刻有麒麟、古鹤和二龙戏珠等石雕”；“售价 300 万元，共有 3 层台阶，墓碑后方是一片环形浮雕群”而网友评选的“十大天价墓”中，榜首的厦门安乐永久墓园，其墓地售价最高达 800 万元。

这般穷奢极欲的厚礼，岂不是对死者的“非礼”。

中国儒家文化虽然极为重视丧葬之礼，但是一直以来都推崇“薄葬”的观念，《荀子·正论》：“太古薄葬，棺厚三寸，衣衾三领。”汉代王充的《论衡·薄葬》也说：“贤圣之业，皆以薄葬省用为务。”

丧葬之礼如此，其他的礼俗也是如此，不管是婚礼、满月礼，或者日常送礼请客，都该以适度为原则，若是做不到适度，那就宁俭无奢。当然，俭不是让我们寒酸，更不是抠门，而是说，不要浪费，不要过度奢华。礼若是过重，就不是“礼”了。

来而不往非礼也

《礼记·曲礼上》有一句非常著名的话：“礼尚往来，往而不来，非礼也；来而不往，亦非礼也。”礼节是人与人之间交往时相互的权利和义务，有行礼，就得有还礼。在古人眼中，闷声不响地接受别人礼赠实在是一件“非礼”的事情。

有个刻薄的军官发现一名士兵经过他面前的时候忘记敬礼了，于是他喊住士兵，惩罚他给自己敬两百个礼。

官大一级压死人，士兵没有办法，就只好敬两百个礼。这时候将军经过，看到一个士兵站在军官面前不停地敬礼，感觉很奇怪，就问军官怎么回事。军官说：“因为他经过我面前的时候没有敬礼，所以我罚他给我敬两百个礼。”“哦，”将军点点头说，“但是根据规定，接受敬礼的时候，你也得还礼呀。”军官当即傻了眼。

礼尚往来，有人敬礼，不管是什么人都得还礼，这是基本的礼仪原则。

孔子就曾经遇到一个问题：有一个他很讨厌的人叫阳虎。

阳虎来拜访孔子的时候孔子假装不在家，不肯见面，于是阳虎就把一只猪蹄当作礼物留在了孔子家里。

这下孔子可犯难了，他太讨厌阳虎了，可是礼尚往来，别人都送了礼物，难道自己能不还礼吗？

孔子左右为难，终于想出了一个好方法：他趁着阳虎出门的时候，带着礼物去拜访了阳虎，这样既符合礼尚往来的原则，又不用见到自己讨厌的阳虎，真是两全其美。

由此可以看出，孔子对于“来而不往非礼也”的原则是非常看重的。

确实，在我们的生活中，礼节也好，送礼也好，都应该有来有往。别人请我们吃饭，我们也该找个机会回请。酒席上别人敬酒，我们也该敬别人酒，这些都是礼仪的基本原则。

如果换一个角度讲，根据礼尚往来的原则，想要让别人对我们有礼，最好的方法是我们先对别人有礼。俗话说：“平时不烧香，临时抱佛脚。”就是告诫人们跟佛祖打交道也要讲究礼尚往来，平时多送点礼，多行点善，关键的时候佛祖才会帮你。否则，只想着佛祖保佑，自己却很少行礼，那不是“往而不来非礼也”吗？

对佛祖尚且如此，更何况对人。在平时的工作和生活中，想要和同事、朋友维持良好的关系，最好的方法就是主动多跟他们联系。儒家所谓的“礼”也并不仅限于三叩九拜的大礼或者送礼物，日常的联系、节假日的问候、空闲的时候登门拜访等，都是礼的一种形式。

尤其是对待那些失意的朋友，我们更应该多与他们往来，每逢佳节，送些礼物。因为他们尚未发达，可能不会尊崇礼尚往来的原则，但并非他们不知道还礼，而是无力还礼。在他们的心中绝对不会忘记未还的礼，这是他们欠的人情债，人情债欠得越多，他们想还礼的心越切。所以，他们日后若发达，第一个想到要还礼的人便是你。当他们有清偿能力时，即使你不去请求，他们也会自动来还。这时候如果有求于他们，就是轻而易举的事情了。

由此可见，一方面，当别人施礼或者送礼给我们的时候，我们一定要记得还礼，这样才能体现自己的修养和对对方的尊重。另一方面，当我们有求于别人时，也要记得有礼在先，只有我们率先施礼或者送礼给对方，根据礼尚往来的原则，对方才会有回礼。

唤醒心中的“圣人”

《三字经》开头就是：“人之初，性本善。”这是从儒家亚圣孟子的性善论中提炼出来的一种观点。孟子认为，人性本善，每个人心里都埋藏着善良的品行。

谁都希望自己能够成为一个善良的人，善良的人生是幸福的人生、温情脉脉的人生。那我们是善良的人吗？怎么样才能成为善良的人？孟子说：“这并不难，因为每一个人的内心深处都蕴含着善良的因子。”

什么是善良的因子？孟子说：“无恻隐之心，非人也；无羞恶之心，非人也；无辞让之心，非人也；无是非之心，非人也。恻隐之心，仁之端也；羞恶之心，义之端也；辞让之心，礼之端也；是非之心，智之端也。”

每个人身上都有恻隐之心、羞恶之心、辞让之心、是非之心。看到一个小孩儿将要掉进井里，我们不会因此欢呼雀跃，而是产生同情，这就叫恻隐之心；光着身子跑在大街上，再厚颜无耻的人也会觉得不好意思，这就叫羞恶之心；当别人夸我们或送东西给我们的时候，我们总会推辞一番，这就叫辞让之心；我们知道偷盗是不好的，慈善是好的，这就叫是非之心。

这四“颗”心是每个人都有的。孟子认为，恻隐之心是“仁”

的端倪，羞恶之心是“义”的端倪，辞让之心是“礼”的端倪，是非之心是“智”的端倪。人人都有这四“颗”心，那么也就意味着人人都具备“仁义礼智”这四大美德。

这也就是孟子性善论的根基：四端。

既然如此，为什么生活中有些人是好人，有些人却是坏人呢？既然人人都有善良的端倪，那为什么有些人总是活不出“善”的境界呢？

这一点，孟子当然也想到了，他举了一个例子。

孟子说：“挟太山以超北海，语人曰：‘我不能。’是诚不能也。为长者折枝，语人曰：‘我不能。’是不为也，非不能也。”意思是说，让一个人带着泰山从北海上面跳过去，他说做不到，那是真的做不到。但是让一个人见到老者鞠躬致意，他说做不到，那是不肯做，而不是做不到。

我们之所以活不出“善”的境界，真正的原因是我们自己不愿意唤醒心中的善良。

这就是儒家学说重视“修身”的原因。《大学》中提道“修身齐家治国平天下”，把修身放在最根本的位置上，是因为儒家相信，只要通过一定的修养，每个人都可以变成圣贤，然后就可以有所作为。

《诗经》中有一句诗：“如切如磋，如琢如磨。”这句诗被《大学》引用以说明修身之道。其大意是，人的性格好比是一块未经雕琢的玉璞，要想使之成为精美的艺术品，需要反复不断地切磋、琢磨，精益求精。

修身的本质就是雕琢自己的心灵，挖掘人性中善的种子，让善良之心开花结果。

人的一生有许多种活法，我们可以在虚伪欺诈中度过一生，也可以选择善良的人生。很多时候，善良能让我们感到快乐幸福，因为我们的本性就是善良的，选择善良便是遵从了本性，自然会感觉精神舒畅。而每一次作恶虽能带来丰厚的物质回报，却也会让我们在良心的谴责中度过一生，这样的人生又有什么快乐可言？即使从功利的角度来看，善良也是人生最好的投资，因为善良的人总是能够得到更多的帮助，从而逢凶化吉。

既然如此，为什么我们不选择过善良的人生呢？

每天进步一点点

《大学》中提到，上古君王商汤有一句格言："苟日新，日日新，又日新。"朱熹注解说："诚能一日有以涤其旧染之污而自新，则当因其已新者，而日日新之，又日新之，不可略有间断也。"意思是说，如果一个人能够在修身的时候坚持不断革新，一天天向着那个目标趋进，那么日积月累，就能够渐成大德。

这段文字叫作盘铭，盘就是浴缸，盘铭就是刻在浴缸上面的铭文。商汤为什么要把这句话刻在浴缸上面呢？朱熹说："汤人之洗濯其心以去恶，如沐浴其身以去垢。"这句话就是说，在修身的时候，我们要像洗澡洗掉身上的污垢那样，洗去心里的污点。

我们每天都会坚持洗漱，同样也应该每天都坚持让自己的心灵保持洁净，从而焕发出新的精神面貌。就如曾子每日三省其身，改过自新一样，今日改掉一点过失，明日又改正一个错误，以内心的挚诚砥砺自己，以修身成就自己美好的德行作为最高境界，从而保持精神的纯粹与高洁，固守人格的完美与高贵。人可以在肉体上被打倒，但是精神应当永远站立。"苟日新，日日新，又日新"展示的是一种革新进取的姿态，是自觉弃旧图新的道德升华。

精神的洗礼、品德的修炼、思想的改造、人格的铸造不就需要如此吗？

有一道"脑筋急转弯"式的智力题：荷塘里有一片落叶，它每天会增长一倍。假使 30 天会长满整个荷塘，请问第 28 天荷塘里有多少荷叶？答案要从后往前推，即有四分之一荷塘的荷叶。这时，假使你站在荷塘的对岸，会发现荷叶是那样的少，似乎只有那么一点点，但是，第 29 天就会占满一半，第 30 天就会长满整个荷塘。

在荷叶长满荷塘的整个过程中，荷叶每天变化的速度是一样的，可是前面花了漫长的 28 天，我们能看到的荷叶就只有那么一个小小的角落。在追求成功的过程中，即使我们每天都在进步，然而，前面那漫长的“28 天”因无法让人“享受”到结果，常常令人难以忍受。人们只对“第 29 天”的希望与“第 30 天”的结果感兴趣，却因不能忍受成功之前漫长的过程而在“第 28 天”放弃。

每天进步一点点具有无穷的威力，需要我们有足够的耐力坚持到“第 28 天”以后。每天进步一点点是简单的，之所以很多人不能成功，不是因为他们做不到，而是因为他们不愿意做那些简单重复的事情。越简单、越容易的事情，人们也越容易不去做它，然而成功就是简单的事情重复着去做。

要求自己每天进步一点点，就是让自己在修道和修德的漫长人生旅途中，今天比昨天强，今天的事情今天做，每天都为心中的目标作出一点点努力，永不懈怠！为此，要始终保持平静、从容的心态，步履稳健地走好人生的每一步，不允许有一天虚度，用“自胜者强”来勉励、监督和强迫自己，克服浮躁。

要求自己在修道和修德的旅途中每天进步一点点，不是做给别人看的，绝不能糊弄自己，要用严于律己的人生态度和自强不息的可贵精神使自己每天都有所精进。

修身，先把心放正

儒家经典《大学》一书中对修身的方法有以下一段议论：“古之欲明明德于天下者，先治其国；欲治其国者，先齐其家；

欲齐其家者，先修其身；欲修其身者，先正其心；欲正其心者，先诚其意；欲诚其意者，先致其知；致知在格物。”

“格物致知”“诚意正心”“修身齐家治国平天下”是儒家人生的不同境界，修身是成就事业的基础，而修身的基础则是诚意正心。

什么叫“正其心”？《大学》中说：“所谓修身在正其心者，身有所忿，则不得其正；有所恐惧，则不得其正；有所好乐，则不得其正；有所忧患，则不得其正。心不在焉，视而不见，听而不闻，食而不知其味。此谓修身在正其心。”意思是说，修身之道，首先要从心灵入手，心灵不能被情绪左右，不能有所愤恨，有所好恶，有所恐惧，因为这些情绪都会让我们的心灵被污染。

孔子说：“其未得之也，患不得之；既得之，患失之。苟患失之，无所不至矣。”意思是一个人如果有所忧患、有所恐惧，患得患失，就会为了得到某样东西或者因为害怕失去某样东西而无所不为。相反，若是一个人心里没有恐惧和害怕，那么他的行为就能够符合自己的良心。一个人如果不能“正其心”，心有恐惧，有所忧虑，就很难做到正道直行。

除此之外，“正其心”还要求人心不能有所愤恨或有所好恶。因为一旦心有所好恶，就会被好恶所左右，很难做出正确的判断。北宋大儒程颐就说过：“常人之情，爱之则见其是，恶之则见其非。”即一个人如果喜欢什么东西，就只看到它值得肯定的一面，不喜欢什么东西，就只看到它不值得肯定的一面。

《韩非子》中有一个很有意思的故事，讲的就是好恶心的问题。故事大意是说，卫国有一个大夫叫弥子瑕。弥子瑕年轻的时候很受卫灵公宠爱，有一次，弥子瑕的母亲生病了，弥子瑕情急之下驾着国君的车子赶回家去看望母亲。在卫国，私自驾驶国君的车子是要被砍腿的，卫灵公知道这件事情后却赞赏道："弥子瑕真孝顺啊，为了母亲居然敢冒砍腿的风险。"还有一次，弥子瑕吃到一个很好吃的桃子，于是吃了一半儿，留了一半儿给卫灵公吃，卫灵公高兴地说："弥子瑕对我可真体贴呀！"

后来，卫灵公不再宠爱弥子瑕，想起以前的事情，说："弥子瑕这个人，曾经私自使用我的马车，还给我吃他吃剩的桃子，真是岂有此理！"

同样的几件事，卫灵公前后的评论却大相径庭，原因就是他心有好恶。这样的人，往往很难修身和修德。

修身，先要从正心做起，只有摒弃恐惧和忧虑，我们才能发现自己的善心。只有摒弃了愤恨和好恶，我们才能做出最正直的判断。

举头三尺有神明

"欲修其身者，先正其心；欲正其心者，先诚其意。""正其心"前面已经说过了，那什么是"诚其意"呢？

《大学》中说："所谓诚其意者，毋自欺也。如恶恶臭，如好好色，此之谓自谦。故君子必慎其独也。"也就是说，我们修养自己的身心，首先要做到的是不要欺骗自己的心灵。不仅在别人面前表现出美好的德行，更重要的是"慎独"，即在没有人的时候，也要坚持自己的美德。能够做到这一点，那才算是真正有修养的人。

"欲无祸于昭昭，勿得罪于冥冥。"这是《菜根谭》中的一句名言，讲的也是儒家修身之道的精髓——"慎独"。翻译为现代汉语是，冥冥之中自有一双眼睛盯着我们，我们的一举一动，都逃不过这双眼睛。这双眼睛就是良心。

确实，在严格的制度和舆论监督下，我们往往会表现得温文尔雅、正直诚实。但是，儒家认为，做到这样还不是真正的美德，美德不是表现出来的，而是隐藏在心里的。如果一个人的心灵十分龌龊，那么他表现出再多的美德，也是虚伪的，与修养无关。只有懂得“慎独”的人，才是真正有修养的人。

中国有一句俗话，叫作“举头三尺有神明”，说的就是“慎独”。当不受任何外力监督的时候，我们还能够保持原先的美德，不违背自己的良心吗？这或许很难做到，这时我们就该想一想，“人在做，天在看”。我们做的所有事情都会被神明看在眼里，这个神明就是我们的良心。

曾有一个叫王孙贾的人问孔子，说：“与其媚于奥，宁媚于灶，何谓也？”即与其去讨好尊贵的奥神不如去讨好灶神，因为在民间传说中，灶神每天都要向天帝报告每个人一年中做了什么事情，属于“县官不如现管”。孔子却说：“不然！获罪于天，无所祷也。”意思是，如果做了不对的事情惹怒了上天，你去讨好谁都没用。

在孔子看来，一个人做事情一定要有原则，这个原则就是不能“获罪于天”，不管有没有被灶神揭发，一旦做了坏事，必然会被上天知道。

这里的“上天”，我们现在可以理解为良心。我们做了什么事，良心一定会知道。做任何事情，都要以自己的良心为准则，这样，才算真正做到“慎独”。

《资治通鉴》中记载的“杨震四知”，就是对“慎独”的最好解读。

汉朝的时候有一个官吏叫杨震，他在去东莱担任太守的路上经过一个叫昌邑的地方，当时昌邑的县长叫王密。当天晚上，王密怀揣着一大笔钱来贿赂杨震。

杨震是个清正廉明的人，对此很不高兴，对王密说：“我很了解你，你怎么不了解我？你以为我会接受你的贿赂吗？”

王密以为杨震是怕事情败露受牵连，于是说："大人别担心，我是半夜里来的，没有人知道这件事情。"

杨震一甩袖子："天知，神知，我知，子知，何谓无知者？"意思是谁说没有知道的人，天知、地知、你知、我知！

在杨震看来，虽然这件事情王密办得很隐秘，除了不会说话的天地和当事人之外，不会有人知道他收受贿赂的事情，但是，他自己的良心知道。天地和王密不会谴责自己，但他的良心会。

这就叫"慎独"，即使在没有旁人知道的情况下，也要坚守住自己的道德原则。因为无论做什么事，你也许骗得过天，骗得过地，骗得过你的眼睛，却骗不过自己的良心。

人啊，认识你自己

苏格拉底有一句名言："我唯一知道的事情，就是我一无所知。"

公元前399年，苏格拉底被雅典的法庭处以死刑。在判决前的法庭申辩中，他讲述了这样一个故事：有一次苏格拉底的朋友凯勒丰来到雅典的德尔斐神庙，凯勒丰问了阿波罗神这样一个问题："世界上有没有比苏格拉底更有智慧的人？"神庙里的女祭司告诉他："没有。"

苏格拉底知道这件事情之后，感觉异常困惑，因为他知道自己不可能是最有智慧的人，明明还有很多人在各个领域超过了他。那么，究竟为什么神庙的女祭司会说苏格拉底是最有智慧的人呢？为了解开自己的困惑，苏格拉底周游希腊，向那些公认的智慧名流请教。结果，苏格拉底发现，那些人虽然在一些重要领域超过了他，但多半认识不到自己的局限性，他们往往因为自己某个方面的成就卓越而以为自己无所不通，无所不能。

最后，苏格拉底终于得出了自己的结论：自己之所以被女祭司认为是世界上最有智慧的人，原因就在于他是唯一一个认识到自己无知的人。

从苏格拉底所讲的这个故事中，我们可以知道，对于人们来说，认识自己是一件比认识宇宙更难的事情。

在儒家的修身理论中，心灵的修养占据了重要的地位，而修养心灵首先要做的事情就是认识自己的心灵。就像洗澡一样，我们要知道污垢在哪里，才能有针对性地洗除污垢。

《格言联璧》中有这样一句话："盖世的功劳，当不得一个矜字；弥天的罪过，最难得一个悔字。"我们只有认识自己，认识到自己的不足之处，才能够避免骄矜的恶习，才能改正错误，否则，修身就无从谈起。

有这样一个故事：一个年轻人，在街角的小店借用电话。他用一条手帕盖着电话筒，然后说："是王公馆吗？我是打电话来应征做园丁工作的，我有很丰富的经验，一定可以胜任。"对方说："先生，恐怕你弄错了，我家主人对现在聘用的园丁非常满意，主人说园丁是一位尽责、热心和勤奋的人，所以我们这儿并没有园丁的空缺。"

年轻人听罢，便很有礼貌地说："对不起，可能是我弄错了。"接着便挂了电话。小店的老板听了年轻人的话，说："年轻人，你想找园丁工作吗？我的亲戚正要请人，你有兴趣吗？"

年轻人说："多谢你的好意，其实我就是王公馆的园丁。我刚才打电话，是用以自我检查，确定自己的表现是否合乎主人的要求。"

这个年轻人用了一种巧妙的方法来检验自己的工作成效以求发现自己的不足，其出发点是合乎儒家修身之道的，即认知自己，认识自己的缺点，有则改之，无则加勉。

当然，更多的时候我们没有办法让别人给我们评价，更何况，别人评价的自己也不一定是最真实的自己。这个时候，我们就只能自我反省，主动审视自己的内心，也就是儒家所谓的“自省”，也叫“内讼”。讼，就是诉讼，通俗的理解就是，常常要在心里面告自己一状，把自己放在心灵的法庭中审判一番。

但是，能够这样做的人太少了。孔子曾经说：“已矣乎！吾未见能见其过而内讼者也。”意思是，算了吧，我还没见到能够看到自己的过错而反省自己的人！

夏朝时，诸侯有扈氏率兵入侵王畿，夏禹派他的儿子伯启抵抗，结果伯启被打败了。他的部下很不服气，要求继续进攻，但是伯启说：“不必了，我的兵比他多，地也比他大，却被他打败了，这一定是我的德行不如他，带兵方法不如他的缘故。从今天起，我一定要努力改正才是。”从此以后，伯启每天很早便起床工作，粗茶淡饭，照顾百姓，任用有才干的人，尊敬有品德的人。过了一年，有扈氏知道了，不但不再来侵犯，而且主动投降了。像伯启这样肯虚心地检讨自己，马上改正不足之处，一定能够逐渐强大起来，并战胜对方。

在古希腊德尔菲神庙的柱子上，刻着一句人所共知的神谕：“人啊，认识你自己。”道家的老子曾经说过：“知人者智，自知者明。”孔子的学生曾子也强调：“吾日三省吾身。”

人生最大的敌人是自己，那些认真审视自己，时刻反省自己的人，才可能真正觉悟。

克己为仁

子曰：“克己、复礼为仁。”“克己”二字，道出了修身的根本。我们常常有这样的感觉：“你讲的大道理我都懂，但就是做不到。”问题其实就出在“克己”二字上，非不能也，亦非不为也，实在是克制不住自己的欲望。

大多数人都听过普希金的童话诗《渔夫和金鱼的故事》，老头儿捕到了一条会说话的金鱼，金鱼哀求老头儿放了它，并许诺要用贵重的报酬酬谢老人。老太婆向金鱼提出要木盆、要木房子、要当贵妇人、要当女皇的要求，金鱼一一答应了她，当老太婆提出要当海上的霸王，金鱼收回了她的一切，一切便回到了从前，老太婆依旧一无所有。

儒家并不主张禁欲主义，但是不禁欲不代表就可以放纵欲望。人应该克制自己的欲望，应该把自己的欲望克制在理性和道德的范畴内，才算是懂得修身之道的君子。否则，一个人无法做到修身养性，一味放纵，更有可能危害到自己的利益甚至生命。

有一群猴子喜欢偷食农民的大米，农民就发明了一种捕捉猴子的巧妙方法。他们把一只葫芦形的细颈瓶子固定好，系在大树上，再放入大米。到了晚上，猴子来到树下，就把爪子伸进瓶子去抓大米。这瓶子的妙处就在于刚好够让猴子把爪子伸进去，等它抓一把大米后，爪子就怎么也出不来了。贪婪的猴子绝不可能放下已到手的大米，就这样，第二天，农民把它抓住的时候，它依然不会放手，直到把那把米放入嘴中。

这些猴子虽然精明，却不懂得克制住自己的贪婪和欲望，最后，被农夫设计轻而易举地便捉住了。可以想象，猴子的“下半生”便只能跟笼子和链子一起度过了。

相对于猴子，人是比较高级的生物，若是不能克制自己的欲望，轻则道德败坏，重则引来杀身之祸，那岂不是和偷食农民大米的猴子一样？

孔子说：“以约失之者鲜矣！”即因为约束自己而犯错是

很少见的。修身的大道理说出来谁都懂，包括要“克己”这个道理大家也都明白的，难就难在很难做到真正克制自己的欲望去践行修身之道。

从前有一个私盐贩子，由于官府追捕得很紧，一时无处藏身。于是，他灵机一动，带着所有财产，躲到一所破旧的寺庙中，并且请求寺庙里的老住持把他藏匿起来，他想官府肯定不会想到自己会躲在寺庙里。德高望重的老住持拒绝了私盐贩子的要求，并且要他马上离开，否则就要报官了。

私盐贩子着急道：“我给你一笔钱，报答你的善行，你看十万贯钱怎么样？”

老住持坚定地说：“不！”

“那么五十万贯呢？”

老住持依旧拒绝。

“一百万贯！”私盐贩子咬咬牙。

老住持突然大发雷霆，用力把私盐贩子推到外面去，说：“给我滚出去，你开的价钱已经快接近我心里的数目了。”

这位老住持是懂得克己之道的人，他知道既然自己无法抗拒诱惑，那就让自己远离诱惑，这也是克己的一个途径。所谓修身，就是要从内到外改造自己，重新塑造自己。为什么我们会有缺陷和不足？就是因为我们常常在诱惑、懒惰、虚荣或者其他恶习上放纵自己，如果继续放纵自己，那么修身又将从何谈起呢？

第四章
知人者智，自知者明

唯有自知，方能不失

尼采曾说："聪明的人只要能认识自己，便什么都不会失去。"可见"自知"的重要性。做人最重要的是有"自知之明"，然而"聪明人"很多，他们习惯揣摩别人的心理，而不习惯向内观照自己，于是对别人了如指掌，对自己反倒看不清楚。因而说知人易，知己难，人们常常"认识诸世间，不能认识自己"。

法国著名散文家、思想家蒙田在《论自命不凡》的随笔中写道："对荣誉的另一种追求，是我们对自己的长处评价过高。"这是我们对自己怀有的本能的爱，这种爱使我们不能认清自己。而如果能对自己多一分了解，也会对生命多一分正确的认识。

有一位老师，常常教导他的学生说："人贵有自知之明，做人就要做一个自知的人。唯有自知，方能知人。"有个学生在课堂上提问道："请问老师，您是否知道您自己呢？"

"是呀，我是否知道我自己呢？"老师想，"嗯，我回去后一定要好好观察、思考、了解一下我自己的个性、我自己的心灵。"

回到家里，老师拿来一面镜子，仔细观察自己的容貌、表情，然后再来分析自己的个性。首先，他看到了自己亮闪闪的秃顶。"嗯，不错，莎士比亚就有个亮闪闪的秃顶。"他想。

他看到了自己的鹰钩鼻。"嗯，英国大侦探福尔摩斯——世界级的聪明大师就有一个漂亮的鹰钩鼻。"他想。他看到自己的大长脸。"嗨！伟大的林肯总统就有一张大长脸。"他想。

他发现自己个子矮小。“哈哈！拿破仑个子矮小，我也同样矮小。”他想。

他发现自己具有一双大蹩脚。“呀，卓别林就有一双大蹩脚！”他想。

于是，他终于有了“自知”之明。“古今中外名人、伟人、聪明人的特点集于我一身，我是一个不同于一般的人，我将前途无量。”第二天，他对他的学生说。

这当然是一个幽默故事，然而生活中这样的人不少。认识自己，并不是一件简单的事，它要求我们必须从性格、爱好等各方面全面分析自己。只有正确地认识自己，才能保持本色，找到适合自己的位置。认识自己，并且按自己的意图去办事，你才能具有无穷的魅力。

有这样一个青年，他从小家境富有，接受了良好的教育，在各方面都有潜能，成绩也不错，几乎可以称得上是一个全面发展的人。可是，他对自己的成功之路一筹莫展。

他喜欢运动，却没有吃苦锻炼的勇气和毅力，因此当不了运动员。他发表过不少作品，可他根本静不下心来写出一部有分量的著作，成为一名真正的作家。他的兴趣变化不断，似乎很多领域都有涉猎，却没有专长。他根本不知道自己最适合做什么，也不清楚自己准备成为什么样的人。

其实，他的内心也非常矛盾，他是想好好地认识自我，然后选择符合他的发展方向，同时也想尽可能地尝试更多、更好的东西，发现自己的兴趣，挖掘出自己的潜能，找到最适合自己发展的道路。

我们很多人也许都面临这样的问题：对自己的认识还很不够，可能工作了好几年，却发现自己根本就不适合这个行业。一个人的成功过程就是一个不断自我认识的过程。一个人对自我认识是伴随着人的年龄的增长和阅历的丰富而完成的。虽然自我认识不是一件容易的事，但人完全有能力正确地认识自我。因为只有正确地认识了自我，才可以做出正确的决断和准确的选择，才能把握机会，获得成功。

有很多人认为，认识自我就是认识自己的缺点。于是，有很多人在机会到来的时候没有采取任何行动，他们会说："我的能力恐怕不足，何必自找麻烦呢？"

认识自己的缺点是好的，可以加以改进。但如果仅认识自己的消极面而不能自拔，就会陷入混乱，使自己变得自卑，远离成功。因此，要正确、全面地认识自己，首先就不能看轻自己。

你知道自己的优点吗？所谓的优点是任何你能运用的才干、能力、技艺与人格特质，这些优点也就是你能有贡献、能继续成长的要素。但是，我们大家总觉得说自己的优点是不对的，会显得太不谦虚。肯定自己的优点绝不是吹牛，相反，这是在表现自己，展示自己的能力。

要想认清你的优点，你首先必须重视自己，要塑造自己对自己的好印象。如果你能用积极的心态看你的过去，就能用积极的心态看你的现在。你必须仔细地看你自己，发现自己具有哪些优良的特质，利用这些优良的特质成就你的人生。

认识自己方能更好地认识人生，驾驭人生，做自己的主人。与其花费心思去揣摩别人的喜好，不如好好地认识自我。因为，只有了解自己，才能更好地经营自己的人生。

认识诸世间，更要认识自己

禅院里来了一个小和尚，年纪轻轻，但是人很聪明勤快，他希望能够尽快地有所觉悟，于是常常去找智闲禅师，诚恳地向禅师请教："师父，我刚来到禅院，不知道应该做些什么才能更快地有所悟，请师父指点一二。"

智闲禅师看到他诚恳的表情，微笑着说："既然你刚刚来这里，一定还不熟悉禅院里的师父和师兄们，你先去认识一下他们吧。"

小和尚听从了禅师的指教，接下来的几日里除了日常的劳作以及参禅，都积极地去结识其他的僧人们。几天之后他又找到智闲禅师，说："师父，禅院里的其他禅师和师兄们我都已经认识过了，接下来呢？"

智闲禅师看了他一眼，说："后院菜园里的了元师兄你见过了吗？"

小和尚默默地低下了头。

智闲禅师说："还是有遗漏啊，再去认识和了解吧！"

又过了几天，小和尚再次来见智闲禅师，充满信心地说："师父，这次我终于把禅院里的僧人都认识了，请您教我一些其他的事情吧！"

智闲禅师走到小沙弥身边，气定神闲地说："还有一个人你没有认识，而且这个人对你来说，特别的重要！"

小沙弥带有疑惑地的走出智闲禅师的禅房，一个人一个人地的去询问，一间房一间房地去找那个对自己很重要的人，可是始终没有找到。甚至在深夜里，他也一个人躺在床上思考：到底这个人是谁呢？

过了很久，小沙弥始终找不到对自己很重要的那个人，但是也不敢再去问禅师。打坐完后的一天下午，他正准备烧水做饭，挑水的时候正好有一口井，在水面上他突然看见了自己的身影。他顿时明白了智闲禅师让他寻找的那个人，原来就是自己！

有个人，离自己很近也很远，很亲也很疏，很容易想起也很容易忘记，这个人就是我们自己。其实我们很多人都像这个小和尚一样，好奇地打量着外部的世界，积极地探索着这个世界中的未知，但是却忽视了自己，连自己都没有真正认识的人如何去了解这个世界呢？

很多时候我们求“知”总是外指的，希望自己能够了解整个外部世界，却往往忽视了对自己内心的探求。其实，无论是做事还是做人，我们首先要做的就是认识自己。只有认识了自己，才能了解我们外部的世界。

只有完全认识了自己，才能更好地去接触世界，但是往往认识自己比认识世界要困难得多。圣严法师曾经这样教导世人如何认识自己：在认识自己的时候，要把眼睛生在心里，观察自己；要把嘴巴长在心上，评论自己。时时刻刻都想到自己。人唯有如此，生活才不会疏远，感情和理智也会相得益彰，也不会为自己制造麻烦。

在寻找自我的过程中，要先认识到自己的缺点，再肯定自己的优点。圣严法师曾经以照镜子为例来说明这个道理：一般人对自己的缺点，大都采取隐瞒、掩盖或不愿检讨和承认的态度。这种人，往往是一脸的灰尘、油垢，但不愿自我反省和检查。他也许曾照过镜子，但看到又脏又丑的自己，就没有勇气再面对镜子。这种人不清楚、不了解自我长相，拒绝看清自己的缺点，往往是自我膨胀的。

就像火鸡看到外敌时，颈部和身上的毛就竖直膨胀，借以夸大实力，希望让对手以为它体型变大了，但大家都清楚，那是假象。

所以，我们要随时保持自省，不断地从自我反思中深入地认识自己。在现实生活中，只有认清了自己，知道了自己有什么缺点需要改正，有什么优点需要保持，才能知道自己可以做什么事情，不可以做什么事情。这样，才能在由知转行的过程中走得更稳健；才能在行动过程中增加与外部世界的接触，从而在知行合一中获得快乐。

由识心而找心，由找心而明心，由明心而安心

认识心内的世界，首先要认识我们的心。由识心而找心，由找心而明心，由明心而安心。人，若能悟到这一层次，就算是修行到了真正的境界。一切凡夫都有我相、人相、众生相、寿者相，打破这些执念，自然能拨开迷雾见青天，认识一个全新的自己。在这一过程中，我们要随时观察自己，要使此心无所住。如果心心念念住在某一种东西上，或住在某一种习气上，始终不能解脱，就很难认清自己，更无法与这世界形成和谐的关系。

因此，一个看清自己、认识自己、看透外界的人，必须学会不要将自己的心执着于任何观念和习气上。

马祖道一禅师是南岳怀让禅师的弟子。他出家之前曾随父亲学做簸箕，后来父亲觉得这个行当太没出息，于是把儿子送到怀让禅师那里去学习禅道。在般若寺修行期间，马祖道一整天盘腿静坐，冥思苦想，希望能够有一天修成正果。

有一次，怀让禅师路过禅房，看见马祖道一坐在那里面无表情，神情专注，便上前问道："你在这里做什么？"马祖道一答道："我在参禅打坐，这样才能修炼成佛。"怀让禅师静静地听着，没说什么就走开了。

第二天早上，马祖道一吃完斋饭准备回到禅房继续打坐，忽然看见怀让禅师神情专注地坐在井边的石头上磨些什么，他便走过去问道："禅师，您在做什么呀？"怀让禅师答道："我在磨砖呀。"马祖道一又问："磨砖做什么？"怀让禅师说："我想把他磨成一面镜子。"马祖道一一愣，道："这怎么可能呢？砖本身就没有光明，即使你磨得再平，它也不会成为镜子的，你不要在这上面浪费时间了。"怀让禅师说："砖不能磨成镜子，

那么静坐又怎么能够成佛呢？”马祖道一顿时开悟：“弟子愚昧，请师父明示。”怀让禅师说：“譬如马在拉车，如果车不走了，你使用鞭子打车，还是打马？参禅打坐也一样，天天坐禅，能够坐地成佛吗？”

马祖道一把心念执着于坐禅，所以始终得不到解脱，只有摆脱这种执着，才能有所进步。成佛并非执着索求或者静坐念经就可，必须要身体力行才能有所进步。一开始终日冥思苦想着成佛的马祖道一，在求佛之时，已经渐渐沦入歧途，偏离了参禅学佛的本意。马祖道一未能明白成佛的道理，就像他没有明白自己的本心一样，他不了解自己的内心如何与佛同在，所以他犯了“执”的错误。

修佛也好，参禅也好，在认识和理解禅佛之前，修行者必须要先认识自己的本身，然后发乎情地做事，渐渐理解禅佛之意。如果执着于认识禅佛之道，最后连本身都不顾了，这就是本末倒置的做法。就像一个人做事之前，必须要理解自身所长，才能放手施为地去做事。如果只看到事物的好处而忽略了自身能力，又怎么可能将事情做好呢？这便是寻明心，安身心的魅力所在。

向内观照自己，自省洞明人生

一个女人经常背着自己的丈夫偷偷地出去会情人。一天，她又打扮得花枝招展去河边会情人，可是怎么等也没有等到她的情人。在这时，有一只狐狸叼着一块肉路过这里，它看见水里的鱼儿，马上就跳到水中去捕鱼，鱼儿马上就游到深水里去了。狐狸没有捕到鱼，回到岸上，一看自己的肉已被一只正好路过的乌鸦叼走了。那个女人看见狐狸这样，就讥笑狐狸说：“馋嘴的狐狸，你扔掉自己的肉，去捕鱼，结果弄得两手空空，真是好笑！”

狐狸反击道：“你这个女人抛弃自己的丈夫，偷偷来会情人，情人却没有等到，现在不也是两手空空吗？”

那个女人只顾指责狐狸，却不知道自己犯了和狐狸一样的错误。其实，很多人都是这样，指责别人已经成为习惯，反省自己却比登天还难。因为，人都习惯朝外看，而不喜欢向内看。

每个人都生活在内外两个世界中，也具有向外发现和向内发现的两种能力。向外是一个无比辽阔、精彩绝伦的世界，向内则是一个无比深邃、亟待挖掘的天地。观察外部世界需要一双明亮的眼睛，探究内心的天地则需要清醒的头脑和善于反省的意识。

自省是向内观照自己的必经途径。自省就在于不断地反省自我，善于承担生命给你的那一份责任。但不是人人都能反省，都能承担起生命的这份责任。有一种人的眼睛只看到别人的缺点，却看不到自己的缺点；嘴巴只讲别人的过失，却从不检讨自己。星云大师说，这一类人不仅不肯反省，甚至会刻意掩藏自己的过失，又何谈知错能改呢？

星云大师还说过，现在很多人常常自作聪明地遮蔽自己的错误，不仅不肯认错，还会为自己所犯的错误寻找各种各样的借口。他曾经举例，当有的年轻人未能把吩咐给他的事情做好的时候，不仅不做自我检讨，反而会找来各种推辞，比如打碎了碗，他并不认为这源于自己的鲁莽和冒失，反而会抱怨“地太滑了”“磨石子路太硬，不方便走路”或者“碗太不结实了”之类。他自作聪明地认为这些借口似乎能够堵住他人的责备之口，殊不知这只会让自己变得更加可笑。

所以，人要常常自省，要发惭愧心，要肯认错，要懂得感恩。能够行事不昧、自我反省的人，都是有良知的人。此外，对于那些良心发现、忏悔过往的人，要给予包容、协助，这也是人性的善美、光辉、伟大之处。

自省是一次自我解剖的痛苦过程。它就像一个人拿起刀亲手割掉身上的毒瘤，需要巨大的勇气。认识到自己的错误或许不难，但要用一颗坦诚的心灵去面对它，却不是一件容易的事。懂得自省，是大智；敢于自省，则是大勇。割毒瘤可能会有难忍的疼痛，也会留下疤痕，但它却是根除病毒的唯一方法。只要“坦荡胸怀对日月”，心地光明磊落，自省的勇气就会倍增。古人云：“君子之过也，如日月之食焉。过也，人皆见之；及其更也，人皆仰之。”这句话的意思是，日食过后，太阳更加灿烂辉煌；月食复明，月亮更加皎洁。人的过错就像日食和月食，人人都看得见，但是改过之后，会得到人们更崇高的尊敬。

好说己长便是短，自知己短便是长

孟子说：“权，然后知轻重；度，然后知长短。物皆然，心为甚。”意思是说一件东西，用秤称过，才知道它的轻重；用尺量过，才知道它的长短。世间万物，也都是这个样子，要经过某些标准的衡量，才知道究竟。而一个人的心理，更应该如此，经常反省衡量，才能认识自己、改善自己。

而反省对道德修养的重要，就像秤与尺在权衡上所占的分量一样重要，我们如果不及时反省，就会犯错误，所以，检讨自己的行为，多加反省，才可能知道自己是不是合乎道德的标准。如不反省，就无法知道自己的思想、心理行为中，有哪些地方需要改过，有哪些地方需要发扬光大。

自省，简而言之就是自我反省、自我检查，以能“自知己短”，从而弥补短处，纠正过失。“人无完人，金无足赤”，反省自己是十分必要的。

有位哲学家在他晚年的时候刺瞎了自己的双眼。别人都不理解他的这一举动。他说，我只是为了更好地看清自己。

每一个人都有一个自我，自我当然离自己最近，应该最容易认识。事实证明却相反，自我最不容易认识。上帝在每个人的肩上都挂了两个袋子，一个在胸前，一个在背后。前面的袋子装着自己的优点，后面的袋子则装着自己的缺点，结果，每个人只要一睁开眼睛，看见的就是自己的优点和别人的缺点。所以，一般的情况是，人们往往把自己的才能、学问、道德、成就等等评估过高，永远是自我感觉良好。每个人都认为自己最优秀，而别人最愚蠢，因而对别人总是求全责备，对自己总是肯定赞扬。这对自己是不利的，对社会也是有害的。许多人事纠纷和社会矛盾由此而生。

真正的聪明人必须具备自知之明。何谓自知之明？孔子说：“知之为知之，不知为不知，是知也。”孔子的学生曾子也强调：“吾日三省吾身。”成功之人都有自知之明，无非是因为他们都留着一只眼睛审视着自己。

陈子昂是我国初唐著名诗人。他的老家是梓州射洪（现在的四川省射洪县），幼年时他就随父亲一起来到了京城长安。由于父母平时对他非常娇惯，所以他长到十几岁时仍然不爱读书，每天只知道跟他的朋友出城打猎、游玩，要不就是四处找人斗鸡赌钱。

随着时间的流逝，陈子昂渐渐长大，这时他的父母才发现自己的宝贝儿子不学无术、一无所长，并开始为他的前途担忧。父母对他平日里的行为也看不下去了，多次劝他除掉身上的恶习，潜心攻读。可陈子昂早就游荡惯了，哪里听得进去。

有一天，他在游玩途中路过一处书塾，在窗外无意中听到老师在说这样一段话：“一个人是否能够享有荣誉或蒙受耻辱，完全取决于他本人的品德。品德好的人，自然会享受荣誉；品德坏的人，也自然会蒙受耻辱。一个人如果放任自流，行为举止傲慢，身上具有邪恶污秽的东西，就无法得到他人的尊敬。

要想成为一名君子，就要让自己博学多才，还要经常用学来的道理对照自身进行检点。如果坚持这样做下去，你的学问和知识就会越来越多，行为上也很难有什么过失了。俗话说得好：‘少壮不努力，老大徒伤悲。’在生活中，我们看到别人能做一番大事业时总是非常羡慕人家，可是你哪里知道，人家之所以能够取得成功，是下了一番苦功夫的！不经过自身的努力就想得到学问，那就如同缘木求鱼一样幼稚得可笑。”

无意中听到的这一番话，使陈子昂的内心受到很大的触动。他忘记了游玩，马上赶回家，在自己的屋中反思起来，回首自己以前做过的荒唐的事情，心里追悔莫及。从那一天起，陈子昂毅然跟原来那些朋友断绝了来往，把在家中饲养的各种小动物也都放掉了，从此和书本成了朋友，每天书不离手，勤奋刻苦地学习，直至最后成为一名伟大的诗人。

反省是一面镜子，它可以照见心灵上的污点，继而照亮前进的路途。因此我们要留一只眼睛看自己，才能看住自己那一颗狂野的心和无限的贪欲，你才能明白自己到底是谁，你才能明白这世间什么事可为，什么事不可为。

留一只眼睛看自己，你才能看清人的本性，从而看清别人。因为你所思正是别人所思，你所欲正是别人所欲，你所苦正是别人所苦，这样推己及人，既看清了自己，又看清了别人。只有这样，才能明白人生在世，应当有所为、有所不为，从而获得内心的自在和宁静。

人生最大的敌人是自己。那些认真审视自己，时刻反省自己的人，才可能真正觉悟。

反省是一颗智慧树，只有深植在思维里，它才能与你的神经互联，为你提供源源不断的智慧，让人生这条路变得简单、精彩起来。

见贤思齐，见不贤而内自省

“人以铜为镜，可以正衣冠；以古为镜，可以见兴替；以人为镜，可以知得失。”一代谏臣魏征死后，唐太宗李世民如是说。对于他来说，魏征就是那面可以帮助他知得失的“人”镜，因而会有“魏征没，朕亡一镜矣”之说。

镜子客观地折射出最真实的样子，但在照镜子的人眼中，却未必能将所有的真实尽收眼底，尤其是未必能看到，或者即便看到也未必能正视自己的弱势与他人的长处。

一天，天神中的主神朱庇特说：“凡是有生命的动物，都来到我的御前，谁对自己的身体外貌感到不满，尽管直说，不用害怕，我将予以补救。过来，猴子，你有理由先说，把大家的美丽与你相比，你能满意吗？”

“我吗？”猴子说，“为什么不？难道我的四肢不如别人？我的模样至今没让我出丑。倒是熊大哥，样子似乎太粗糙，照我看，请相信，他绝不会让人画像。”

大熊走上前，好像要抱怨，相反，他对自己评价极高，却对大象横加指责：说他应该把尾巴加长，削掉些耳朵；如今实在是又笨重又丑陋。

大象很聪明，同样耍花招，照他看来，鲸鱼似乎太大。和他相比自己已十分俊美了。朱庇特听完他们各自的意见之后，便打发他们回家了。

这些动物个个都是以他人为镜，来审视自我的。但他们看到的，全是他人的不足，而完全看不到自身的缺点，就像马来西亚谚语里所说的那样：“天上的繁星再多也数不清，自己脸上的煤烟却看不见。”他们个个认为自己是最棒的，正是这种自我感觉良好，使他们错失了朱庇特可能给予他们的更好的改变。

现实生活中，人们也会有相似的心理，在他人的“镜子”里将自己的短处包裹得密不透风，却始终盯着他人的缺点欣赏，口中心中坚持认为自己才是最优秀的，其实说到底，不过是自欺欺人而已。不仅如此，无法正视自身缺点的人，必定会任由其肆意蔓延、扩大，而不对其加以改正。

显然，这样的“以人为镜”与唐太宗李世民所要表达的，从他人身上发现自己的过失并加以改进截然不同。

曾子的“吾日三省吾身”和荀子的“君子博学而日参省乎己”都是必不可少的自我提升过程。除了这种对于自身的反省之外，还可以借助他人的力量，帮助自省，即“人们具有比一般动物更高的智能，我们除了要到水边照镜子之外，也可以自己照镜子。这个镜子就是你的益友”。

“以益友为镜”，不只是一个口头上的主张，而是一生自我修为不断提高的重要手段。

墨子曾说：“有才德的人，不会以水为镜，而会以人为镜。因为以水为镜只能照见自己的容貌，而以人为镜方能得知如何为利，如何为弊。”一个益友，总是能让自己看到身上存在的不足，能帮助自己取得巨大的进步。孔子在《论语·里仁》也说：“见贤思齐，见不贤而内自省。”足见“以益友为镜”实乃一种自我修为，提升品质的良方。

认识自己，才有圆满人生

茫茫人海，芸芸众生都不过是沧海一粟。在浩瀚的宇宙中，每个人终其一生都是在做一件事：发现自己并好好经营自己。

一名僧人问智门光祚禅师："莲花在尚未出水的时候是什么样呢？"

智门光祚禅师回答说："还是莲花。"

僧人又问："那出水之后呢？"

智门光祚禅师："出水之后就变成了荷叶。"

雪窦禅师恰巧从他们二人身边经过，听到他们二人的对话之后作了一首诗："莲花荷叶报君知，出水何如未出时，江北江南问王老，一狐疑了一狐疑。"

莲花始终是莲花，正如本来清净的人之本性，但若不能正确认识，一惑才解，一惑又生，不能自己解决，反而事事求助他人，必然在疑惑丛生中迷失自我。

当人迷失在对自我的寻找中时，又怎能以一种坦然与平和的心境迎接生命更多的挑战？

做一个明白人，首先要正确地认识并评价自己，既不可自卑，更不能自傲。每个人都是最优秀的，要擦亮眼睛去认识自己、欣赏自己，发现和重用自己，同时又要时刻提醒自己切不可得意忘形，每个人都不过是芸芸众生中的一个，不过是偌大宇宙中的沧海一粟。

到底人要认识自己的什么呢？星云大师为困惑中的众生列举了六点：认识自己的环境，认识自己的能力，认识自己的学识，认识自己的因缘，认识自己的家世，认识自己的志趣。当然，这只是每个人需要了解的一部分而已。认识自我是一个循序渐进的过程，就好像人必须一步一步攀山越岭，从山中走出来，才能在豁然开阔的视野中看清山的本来面目。

找到自己、认识自己，做一个明白人，才能有一个明朗的未来，到耄耋之年，才不至于悔恨，才不会觉得虚度此生。

认识自己，接受自己

有一个叫爱丽莎的美丽女孩，总是觉得自己没有人喜欢，总是担心自己嫁不出去。她认为自己的理想永远实现不了，她的理想也是每一位妙龄女郎的理想：和一位潇洒的白马王子结婚、白头偕老。爱丽莎总以为别人都有这种幸福，自己却永远被幸福拒之于千里之外。

一个周末的上午，这位痛苦的姑娘去找一位有名的心理学家，因为据说他能解除所有人的痛苦。她被请进了心理学家的办公室，握手的时候，她冰凉的手让心理学家的心都颤抖了。他打量着这个忧郁的女孩，她的眼神呆滞而绝望，声音仿佛来自墓地。她的整个身心都好像在对心理学家哭泣着："我已经没有指望了！我是世界上最不幸的女人！"

心理学家请爱丽莎坐下，跟她谈话，心里渐渐有了底。最后他对爱丽莎说："爱丽莎，我会有办法的，但你得按我说的去做。"他要爱丽莎去买一套新衣服，再去修整一下自己的头发，他要爱丽莎打扮得漂漂亮亮的，告诉她星期一他家有个晚会，他要请她来参加。爱丽莎还是一脸闷闷不乐，对心理学家说："就是参加晚会我也不会快乐。谁需要我？我能做什么呢？"心理学家告诉她："你要做的事很简单，你的任务就是帮助我照顾客人，代表我欢迎他们，向他们致以最亲切的问候。"

星期一这天，爱丽莎衣衫合适、发式得体地来到晚会上。她按照心理学家的吩咐尽职尽责，一会儿和客人打招呼，一会儿帮客人端饮料，她在客人间穿梭不停，来回奔走，始终在帮助别人，完全忘记了自己。她眼神活泼，笑容可掬，成了晚会上的一道彩虹，晚会结束后，有三位男士自告奋勇要送她回家。

在随后的日子里，这三位男士热烈地追求着爱丽莎，她终于选中了其中的一位，让他给自己戴上了订婚戒指。

不久，在婚礼上，有人对这位心理学家说：“你创造了奇迹。”“不，”心理学家说，“是她自己为自己创造了奇迹。人不能总想着自己，怜惜自己，而应该想着别人，体恤别人，爱丽莎懂得了这个道理，所以变了。所有的女人都能拥有这个奇迹，只要你想，你就能让自己变得美丽。”

人的一双眼睛的作用应当是这样：一只眼睛观察世界，一只眼睛发现自己。学会发现自己的优点，这是我们共同的义务，也是寻找自己的优势、挖掘潜能的重要方式。事实上，爱丽莎对自身产生怀疑，归根结底是因为没有发掘出自己的闪光点，她看到了别人的精彩，却错失了自己的光亮。其实，每个人都是自己最优秀的载体，接受自己，你并不是一无是处。

每个人都不可能完美无缺，只有从内心接受自己，喜欢自己，坦然地展示真实的自己，才能拥有成功快乐的人生。伟大的哲学家伏尔泰曾说：“幸福，是上帝赐予那些心灵自由之人的人生大礼。”这句话足以点醒每一个追求幸福的人：要做幸福的人，你首先要当自己思想、行为的主人。换言之，你只有做自己，当个完完全全的你自己，你的幸福才会降临！这就是幸福的秘密。

我们都要知道，在这个世界上，你是自己最要好的朋友，你也可以成为自己最大的敌人。在悲喜两极之间的抉择中，你的心灵唯有根植于积极的乐土，你的自信才能在不偏不倚的自爱中获得对人对己的宽宏，达到明辨是非的准确。学会从内心善待自己，你会觉得阳光、鲜花、美景总是离你很近。你平和的心境是滋养自己的沃土。

爱自己首先要按自己喜欢的方式去生活。因为我们要想生活得幸福，必须懂得秉持自我，按自我的方式生活。如果你一味地遵循别人的价值观，想要取悦别人，最后你会发现“众口难调”，每个人的喜好都不一样，失去自我，便会是自己人生中痛苦的根源。

辛迪·克劳馥，对于中国的中青年人来说，几乎是无人不晓。作为一代名模，她也和许多名模一样，缺乏主见，也几乎和许多名模一样，差点沦为有钱人玩弄的花瓶。但她及时意识到了自己的个性弱点，主动调整自己的性格，展示出了自己的独有魅力，牢牢将命运掌握在自己手中。

辛迪·克劳馥在18岁的时候进入了大学的校门。大学里的辛迪，是一朵盛开在校园的鲜艳花朵，走到哪里，哪里就发出一阵惊呼。那个时候，她已经身材修长、亭亭玉立，再加上漂亮的脸蛋，匀称修长的腿，实在是美极了。当时，人们对她赞不绝口。在同学当中，她是那么的引人注目。

在这期间，有一个摄影师发现了她，拍了她一些不同侧面的照片，然后挂在他自己的居室墙上。同时，她的照片刊在《住校女生群芳录》中，她的脸、她的身影、她的名字，第一次出现在刊物上。很快，她被领着去城市里模特经纪公司。但是一开始，她就碰了壁。这家公司竟说她的形象还不够美。她感到伤心，而令她更感到伤心的是，那个经纪人认为她的嘴边的那颗痣，必须去掉，如果不去掉，她就没有前途，但她不肯。

成名之后，她回忆起这件事的时候说："小时候，我一点儿都不喜欢那颗黑痣，我的姐妹们都嘲笑它，而别的孩子总说我把巧克力留在嘴角了。那颗痣让我觉得自己和别人不一样。后来，我开始做模特儿，第一家经纪公司要我去掉那颗痣。但母亲对我说，你可以去掉它，但那样会留下疤痕。我听了母亲的话，把它留在脸上。现在，它反而成了我的商标。只有带着它到处走，我才是辛迪·克劳馥。其他人跑来对我说，她们过去讨厌自己脸上的小黑痣，但现在她们认为那是美丽的。从这个意义上来说，这是件好事，因为人们变得乐于接受属于自己的一切，尽管他们过去并不一定喜欢。"

辛迪·克劳馥的经历告诉我们，你才是你自己的中心，一个人无须刻意追求他人的认可，只要你保持自我本色，按自己的方式生活，生活中没有什么可以压倒你，你可以活得很快乐、很轻松。人应该爱自己的全部，那样你才会感到自身的魅力。一旦你看上去既美丽又自信，就会发现周围的人对你刮目相看了。正如美国歌坛天后麦当娜所说：“我的个性很强，充满野心，而且很清楚自己想要什么。就算大家因此觉得我是个不好惹的女人，我也不在乎。”而事实上，并没有人因此而讨厌她，相反，人们更加着迷于她的优美歌声和独特个性。

自傲是顾影自喜，自卑是顾影自惭

认识自己，看清自己，就是为了做一个明白人，不自欺欺人。这首先就要做到正确评价自己，不要把自己看得太重，也不要过度轻视自己。无论是自傲，还是自卑，都是对自己的错误认识，都是一种自我欺骗。

柏杨先生也曾说道：“自傲是一种自己欺骗自己，兼欺骗别人的伎俩，结果飞到云端，一团虚骄，高估自己的分量……自卑同样是自己欺骗自己，兼欺骗别人的伎俩，盖自傲和自卑是一个物体的两面。自傲是顾影自喜，自卑是顾影自惭。”在他的话中，我们仿佛看到了一个荡秋千的场景：人们在正常的力道之下玩秋千，能享受到无穷的乐趣，而当力道过大时，无论向前还是向后，结果都是一样，从秋千上摔下来。

自傲和自卑，便是荡秋千时力道过大的向前与向后。自傲者，心中的镜子折射出的是一个举世无双的强者，好像整个世界都在等待着他来拯救。

有一只小老鼠，它有一面奇怪的哈哈镜，能把镜子前面的人照得仪表非凡。它总是在这面镜子前自我欣赏，时间长了，它真的就以为自己形象高大、力大无穷了。因而，它开始瞧不起那些同类，甚至都不愿和别的老鼠说话。它整日沉浸在自大的世界里，完全没想过这世上还有谁会比它强大。

一天，它从别人那里听说世界上有一种叫作大象的动物比它厉害多了，它很不服气，于是决定去找大象比个高下。

当它找到大象时，用尽力气喝问大象，不料大象完全看不到它。它只得跳上一块大石头，才进入了大象的视野。大象得知小老鼠的来意之后，不慌不忙地吸了一鼻子水，直直地喷向自傲的小老鼠。

突然间，一股巨大的水柱向小老鼠冲过来，它一个踉跄，就从石头上摔了下来，而且还被灌了一肚子的水，呛得差点没喘过气来。

自傲的小老鼠终于醒悟过来了，它知道这世上有很多比它强大得多的动物，它再也不敢自命不凡了，一瘸一拐地回家去了。

每日对着哈哈镜顾影自喜的小老鼠，差点因自傲而丢掉了性命。这种欺骗自己的伎俩，往往在别人那里得不到任何的回应，因而，高估自己分量的自傲者总是会摔得很惨。

与此相对的，是那些自卑者，他们躲在自己的角落里，品味着自己的无能，甚至自己都开始可怜自己，他们完全忘记了“天生我材必有用”，而只是沉浸在自己的自卑当中，可怜兮兮地过着每一天。其实，自卑感在每个人身上都或多或少地存在，但我们不应被自卑吓倒，而应超越自卑，让它转化成进取的动力，只有这样，人生才会充满希望。

从前，有个长发公主，她头上披着很长很长的金发，长得十分俊美。公主自幼被囚禁在古堡的塔里，和她住在一起的老巫婆天天念叨公主长得很丑。公主也坚信自己是个丑陋的姑娘，她为自己的容貌而深深自卑。

一天，一位年轻英俊的王子从塔下经过，被公主的美貌惊呆了，从这以后，他天天都要到这里来，一饱眼福。公主从王子的眼睛里看清了自己的美丽，同时也从王子的眼睛里发现了自己的自由和未来。有一天，她终于放下头上长长的金发，让王子攀着长发爬上塔顶，把她从塔里解救出来。

囚禁长发公主的正是她心中的自卑，那是别人无法进入的一个迷宫，只有自己愿意从里面走出来时，才能看到外面真实的世界，才能享受别人所拥有的那份快乐与幸福。

孔子说，天地之神不会把有用的才具，平白地投闲置散的。意思就是人心里不要有自卑感，不要介意自己的家庭出身，也不要介意自己的外观与容貌，只要自己有真才实学，别人不用你，天地都不会答应。迅速走出自卑的迷雾，让自信的阳光照射进心里，才不至于使心里的荒草越长越繁茂。

人本身是一个谜，因而竭力追求智慧的古希腊人才会立了那块“认识你自己”的石碑。我们需要的是一面完全精准的镜子，不带一点哈哈镜的成分，通过它我们才能看到最真实的自己，不会自我陶醉，也不会自怨自艾。

观人重在言与行，识人重在德与能

“子曰：视其所以，观其所由，察其所安，人焉廋哉？人焉廋哉？”孔子观察人，“视其所以”，看他的目的是什么；“观其所由”，知道他的来源、动机；“察其所安”，再看看他平常做人是安于什么，一个人做学问修养，如果平常无所安顿之处，就大有问题。有些人有工作时，精神很好；没有工作时，就心不能安，可见安其心之难。

看任何一个人为人处世，他的目的何在？他的做法怎样？再看他平常的涵养，他安于什么？有的安于逸乐，有的安于贫困，有的安于平淡。做学问最难是平淡，安于平淡的人，什么事业都可以做，因为他不会被外物所困扰。

“视其所以”，是指要了解一个人，就要看他做事的目的和动机。动机决定手段。周恩来为中华之崛起而读书，苏秦为扬名于天下而“锥刺股”，易牙为篡权而杀子做汤取悦于齐桓公。我们要看他做什么，更要看为什么这样做，要透过荷叶看到藕。如果我们仅被表面的现象所迷惑，我们对人的认识又有多少呢？齐桓公被易牙所谓的忠诚所感动，结果落得死无葬身之地。

“观其所由”，就是看他一贯的做法。君子也爱财，但君子和小人不同，小人可以偷，可以抢，可以夺，甚至杀人越货；君子却做不来，即使钱财如同身旁的鲜花可以随意采撷，他也要考虑是不是符合道。有时候不在乎做什么、做多大、做多少，而要看他怎么做，官做得大，却是行贿得来的，钱赚得多，却是靠坑蒙拐骗得来，那也为人所不齿。

“察其所安”，就是说看他安于什么，也就是平常的涵养。比如心浮气躁，比如急功近利，比如一有成绩就自视甚高、目中无人，比如一遇挫折就垂头丧气、怨天尤人，等等，都是没有涵养的。这样的人，做事有可能半途而废，交友有可能背信弃义。只有踏实安静的人才能有所成就，而不被身外之物所干扰。想想吧，越王勾践如果没有静心，怎么能卧薪尝胆？司马迁如果沉不下心，宫刑的痛苦还不缠绕终生，哪还有什么心思写《史记》？韩信如果没有静心，早成为流氓的陪葬品，还能帮助刘邦成就霸业？静心是在寂寞中的坚韧，在困苦中的达观，在迷离中的坚定，在庸常中的高贵，在失败中的自信，在成功中的沉稳。有如此品质的人，谁又能怀疑他呢？

用这三点去识人，又怎么不能够把人看明白呢？然而，自古以来，能够完全了解一个人、看透一个人，是一件不容易的事情。虽然不容易，但还是要去体味，毕竟识人是与人交往的基础。只有在对一个人的性格品质有所了解的情况下，才能决定与其相处的模式以及关系的远近。

在一个阳光明媚的清晨，柏拉图和老师苏格拉底一起在一片幽静的树林里散步。

柏拉图对老师说："东格拉底这人很不好！"苏格拉底问："为什么这么说？"柏拉图说："他经常挑剔您的学说，并且不喜欢您的扁鼻子。"苏格拉底笑了笑，缓缓地说："可我倒觉得他这人很不错。"柏拉图很迷惑地问："您怎么会这样认为呢？"

苏格拉底说："他对他的母亲很孝顺，照顾得非常周到；他对他的老师十分尊敬，从来没有对老师有不恭敬的行为；他对朋友很真诚，常常当面指出别人的缺点，帮忙改正；他对孩子很友善，经常和孩子们在一起做游戏；他对穷人非常富有同情心，我曾经亲眼看见他搜出身上最后一个铜板，放进了乞丐的帽子里……"

"但是，他对您不那么尊敬！"柏拉图说。

"孩子，问题就在这里，"苏格拉底抚摸着柏拉图的肩头，慈爱地说，"一个人如果站在自己的立场上来看待别人，常常会把人看错。所以，我看人，从来不看他对我如何，而看他对待别人如何。"

苏格拉底的话非常有道理，要想客观地认识一个人，不能总是站在自己的立场上，因为这会把自己的利益放在其中考虑，很有可能有失偏颇。

识人不同于相人。识人是经由观察一个人的行为与言论以鉴识其品德与才能，而相人是观察一个人的相貌与体征以判定其一生的吉凶祸福。两者小同大异。所以，与人交往，不能只凭借别人的相貌或体征评断其秉性，需要长时间去了解。当然，也不要在开始的时候就把很重要的事情交付于不知根知底的人，以免上当受骗，后悔莫及。

得人之道，在于识人。而识人之前，重在观人。观人重在言与行，识人重在德与能，不细观则不能明识，不明识则不能善用。只有知人才能善任，因为对一个人了解得越深刻，用起来就越得当，相处起来才能减少摩擦。

识人观其友，亦可观其敌

北周奸臣宇文护卑鄙奸诈，他所重用的也都是一批狡猾无赖之徒。卫王宇文直，轻浮狡诈，素来贪狠无赖，看到宇文护执政，竟背叛自己的胞兄武帝，而投附宇文护。宇文护对他甚为亲昵，委以重任；后来他又背叛宇文护，参与诛杀宇文护之事，是个反复无常的小人。

叱罗协善于察言观色，见风使舵，也是宇文护相当器重的人物。他以恭谨见知，极善屈己事主，先后跟随葛荣、尔朱兆、窦泰等人，都能得其欢心。宇文护对他深相寄托，他也受宠若惊，欣然承奉，誓死忠孝。史书称道：“协形貌瘦小，举措褊急。既以得志，每自矜高。朝士有来请示者，辄云‘汝不解，吾今教汝’，及其所言，多乖事衷，当时莫不笑之。”可见宇文护重用的是一帮什么人。

闵帝登基时虽年仅十六岁，但是性格刚毅果决，很有见识。宇文护独断专行，不理会闵帝，闵帝“深忌之”，决定铲掉他。此时，有几位大臣，如司会李植、军司马孙恒等，也痛恨宇文护专权，并看出他已有图谋篡逆的苗头。于是他们便团结在闵帝周围，又找了乙弗凤、贺拔提、张光洛、元进等人，共同计划除去宇文护。谁知张光洛竟将计划密告了宇文护。宇文护当即利用手中权力，将李植赶到梁州（今陕西汉中县）任刺史，孙恒则放到潼州（今四川绵阳县）任刺史。二人虽被逐，却并没能够阻止他们实现除去宇文护的计划。

然而，由于他们未能识破奸细张光洛，计划再泄露。宇文护马上采取行动，调兵遣将，擒拿了乙弗凤、贺拔提、元进等人，又遣散宿卫兵，派贺兰祥率军围宫逼帝，幽禁于旧宅之中。接着便召集公卿大臣，诬赖闵帝荒淫无度亲近小人，疏忌骨肉，说“今日宁负略阳（闵帝原封号），不负社稷”，要废黜闵帝。被要挟的公卿慑于他的淫威，只好说：“此公之家事，敢不唯命是听。”无人敢抗一言，宇文护派贺兰祥将年方十六、在位不足十个月的闵帝弑杀，还不准以皇帝礼仪安葬。为斩草除根，断绝后患，又将李植、孙恒召回加以杀害，甚至同时杀北周功臣、李植之父李远及李植的几个弟弟。

其专横跋扈到了极点！

宇文护这个人，其实与他的同道之人，与他重用的那些人，是一样的，都是心狠手辣、穷凶极恶、阴险奸诈之人，这真实映照了那句老话：人以群分，物以类聚。人际交往中，往往是那些有共同的性格、情趣、爱好的人，更容易走到一起，结为朋友。因此，要想辨识一个人，从他身边的朋友也可窥知一二。管子说：“观其交游，则其贤不肖可察也”。伊索说：“谁喜欢什么样的朋友，谁就是什么样的人。当我们想要了解一个人时，不妨看看他结交的是什么样的朋友。鱼交鱼、虾交虾，蛤蟆找的是蛙亲家，赌徒周围的人都是投机者，搬弄是非者的身边多为“长舌妇”，睿智纯粹的人绝对不会和狡诈之徒结交。因而，欲知其人，可以去看看他在跟谁交往。

除此之外，还有另一种识人之术，“不知其人，固可观其友，但亦可观其敌”。观敌识人的例子，屡见不鲜。回顾中国古代的历史，那些被居心叵测者不断算计、打压，甚至迫害至丢掉性命者，无不是满腔正义之士。岳飞便是一个典型，他将北来的金人视为敌人，却被同朝为官的秦桧视为了劲敌，秦桧不断地在宋高宗面前进谗言，最后甚至以“莫须有”的罪名，处死了一代名将。从秦桧的诡诈、阴险与不顾大局，便可清楚地知晓岳飞将军的品性，这就是观敌识人之法。

孔子说：“人心比山川还要险恶，知人比知天还要困难。”天还有春秋冬夏和早晚，可人呢？表面看上去一个个都好像很诚实，但内心世界却包得严严实实，深藏不露，谁又能究其底里呢！有的外貌和善，行为却骄横傲慢，非利不干；有的貌似忠厚长者，其实是小人；有的外貌圆滑，内心耿直；有的看似坚贞，实际上疲沓散漫；有的看上去泰然自若，慢慢腾腾，可他的内心却总是焦躁不安。

人，有看似庄重而实质上不正派的；有看似温柔敦厚却做盗贼的；有外表对你恭恭敬敬，可心里却在诅咒你，对你十分蔑视的；有貌似专心致志其实三心二意的；有表面风风火火，好像是忙得不可开交，实际上一事无成的；有看上去果敢明断而实际上犹豫不决的；有貌似稀里糊涂、浑浑噩噩，反倒忠诚老实的；有看上去拖拖拉拉，但办事却有实效的；有貌似狠辣而内心怯懦的；有自己迷迷糊糊，反而瞧不起别人的。

纷繁芜杂的尘世间，我们需面对各式各样不同的人，究竟哪些人可与之交，哪些人应避而远之，除了直接观察此人之外，不妨采取“观友”“观敌”之法，加以更进一步的辨识。

其言不可信，唯行方是真

从前有一个仗义的人，广交天下朋友。临终前对他儿子讲，如果有难解决的事情时，可以去找你洛河的李叔帮忙。儿子想了想问父亲为何要找那个不太说话、平时又不苟言笑的李先生，为什么不去找平时与父亲交往颇多的那些人呢？

父亲听完后笑笑说："别看我自小在社会闯荡，结交的人多如牛毛，其实我这一生就交了两个真正的朋友，一个是你徐州的刘伯伯，可惜他住得太远怕是不能及时帮忙；一个就是你李叔。其他的不足为托啊。"

儿子纳闷不已，因为他始终不明白为何平时那么多经常来往的"和善"的叔叔伯伯们不是父亲真正的朋友。他的父亲看出儿子的疑虑后就贴在他的耳朵边交代一番，然后对他说，你按我说的去见见我的这些朋友，朋友的含义你自然就会懂得。

儿子先去了他父亲认定的"一个朋友"李叔那里，对他说："我是某某的儿子，现在正被别人追杀，情急之下投身你处，希望予以搭救！"那位李叔一听，容不得思索，赶紧叫来自己的儿子，喝令儿子速速将衣服换下，穿在了眼前这个朋友的"逃犯"儿子身上，而自己儿子却穿上了"逃犯"的衣服。

儿子明白了：在你生死攸关的时刻，那个能为你肝胆相照，甚至不惜割舍自己亲生骨肉搭救你的人，可以称为你的一个朋友，虽然他平时看起来不见得比别人"和善"。这就是"一个朋友"的选择。

儿子又去了他父亲说的一位不是真朋友的人那里，把同样的话叙说了一遍。这个"朋友"听了，对眼前这个求救的"逃犯"说："孩子，我不是不救你，只是事情太大了，你看我也没有什么门路，要不你再到别处看看……"

儿子明白了：在你患难时刻，那个急于脱身，怕惹祸上身的人是不足以把他作为真的朋友的。

"听其言而观其行"，这是考察一个人的正确方法，与朋友相交也是如此。嘴里说得明白，笔下写得明白，绝不等于心里明白，更绝不等于他能做到。对人，不要听他怎么说，要看他怎么做。只听一个人说的话，或只看一个人写的文章，必须小心，那可能是一幅引导你迷失的错误地图。了解一个人，必须看他做的事。有的人平日里对你满嘴的甜言蜜语，实际上却是口蜜腹剑，与你相交完全是为了某种龌龊的目的，一旦达到目的，马上翻脸不认人。他是“满载而归”，而你却吃了个大大的“黄连”。相反，有的人虽不会说漂亮话，却能为你两肋插刀。所以，在与人交往时，不要只是听信他的一面之词，而是要细心观察他的一举一动，这样才能看清楚与你交往的到底是一个什么样的人。

言语，只是反映人性的一个方面。人在说话的时候，潜意识里总会将自己美化，而掩盖那些性格中的缺点。唯有通过实际行动，才能看到真正的人性。只有一个人的所作所为，才能最真实地反映出一个人的道德与品行。更多的时候，我们需要的不是竖起耳朵去听别人说了些什么，而是擦亮眼睛看别人做了些什么。

茫茫人海，与我们有交往的人太多，有些只是匆匆擦身的过客，而有些则会在我们的生命中长久地驻足，无论是那些我们想了解的还是不想了解的人，都需要我们对其有一个评判，而这个评判的标准，只能通过眼睛来做出判断，唯有用眼睛看他的所作所为，才能获得尽可能真实的信息。因而，观人以行，才是了解别人的黄金法则。